插图本地球

THE FIRST HUMANS

远古人类生活史

The Diagram Group　著

张凡珊　译

上海科学技术文献出版社
Shanghai Scientific and Technological Literature Press

图书在版编目（CIP）数据

远古人类生活史 / 美国迪亚格雷集团著；张凡珊译 . 一上海：上海科学技术文献出版社，2022

（插图本地球生命史丛书）

ISBN 978-7-5439-8509-4

Ⅰ . ① 远… Ⅱ . ① 美…② 张… Ⅲ . ① 古人类学—普及读物 Ⅳ . ① Q981-49

中国版本图书馆 CIP 数据核字 (2022) 第 020434 号

图字：09-2021-1012

选题策划：张 树
责任编辑：黄婉清
封面设计：留白文化

远古人类生活史
YUANGURENLEI SHENGHUOSHI
The Diagram Group 著 张凡珊 译
出版发行 上海科学技术文献出版社
地 址：上海市长乐路 746 号
邮政编码：200040
经 销：全国新华书店
印 刷：商务印书馆上海印刷有限公司
开 本：650mm×900mm 1/16
印 张：10
版 次：2022 年 4 月第 1 版 2022 年 4 月第 1 次印刷
书 号：ISBN 978-7-5439-8509-4
定 价：68.00 元
http://www.sstlp.com

总序

    "插图本地球生命史"丛书是一套简明的、附插图的科学指南。它介绍了地球上的生命最早是如何出现的,又是怎样发展和分化成如今阵容庞大的动植物王国的。这个过程经历了千百万年,地球也拥有了为数众多的生命形式。在这段漫长而复杂的发展历史中,我们不可能覆盖所有的细节,因此,这套丛书将这些内容清晰地划分为不同的阶段和主题,让读者能够循序渐进地获得一个整体印象。

    丛书囊括了所有的生命形式,从细菌、海藻到树木和哺乳动物,重点指出那些幸存下来的物种对环境的适应与其具有无限可变性的应对策略。它介绍了不同的生存环境,这些环境的变化以及居住在其中的生物群落的演化过程。丛书中的每一个章节都分别描述了根据分类法划分的这些生物族群的特性、各种地貌以及地球这颗行星的特征。

    "插图本地球生命史"丛书由自然历史学科的专家所著,并且通过工笔画、图表等方式进行了详尽诠释。这套丛书将为读者今后学习自然科学提供必要的核心基础知识。

目录

本书中，我们将介绍地球上人类的进化历程和生态多样性，古往今来人类的发展特征和地球生物的生活。我们共分八个章节向读者讲述：

第1章为我们是谁？本章指出我们人类在自然界中的位置，还列举了人类的一些动物近亲。同时，提供了最早的人类化石的手绘图，据说这些化石和人类祖先有关，甚至与更早些的南方古猿也有关联。

第2章为人类的形成。这部分以化石发展为例，讲述人类发展的历史：从最早期生活在非洲的工具制造者，到遍布全球的现代人。

第3章为在进化的进程中。在这一章节中，我们观察了人类进化过程中的一些主要变化。另外，通过用现代的方法追溯我们祖先的生活，我们了解了人类的历史。

第4章为远古生活。本章从各个方面描写人类的生活，包括他们的语言、狩猎、种植和艺术。除此之外，还提供了很多远古生活的细节。

第5章为漫长的进化时代。这一章讲述生活条件的变化，这些变化同时发生在自然环境和技术方面。针对这些变化，化石学家和考古学家为漫长的进化年代进行了分期，并用它们的独特特征来命名。

第6章为纵观全球。这一章逐一分析了各个大陆的人类演化历史，并讲述了人类早期的有趣故事。

第7章为考古发现的故事。本章介绍了一系列著名的化石发现者，讲述了他们寻找人类化石的故事。这些故事包括一些举世闻名的发现，同时也有令人失望的发现，甚至还有一些是恶意的骗局。

第8章为要点归纳。本章传授读者关于如何辨别化石遗迹的知识细节，同时试图预测人类的未来。

第1章

我们是谁？

我们是谁？

如同马、狗、骆驼、鲸和老鼠，人类也是哺乳动物。哺乳动物的特征是身体恒温、在幼儿时期以母乳为食。那么，是什么使得人类的外貌、行为不同于其他哺乳动物呢？

人类是生活在社会中的动物。我们过着群居生活，每一个人都在社会中有自己具体的角色。但是这种社会性不是人类独有的，很多低等动物，比如蚂蚁，它们也有自己的社会。这些小昆虫组成一个庞大的队伍，任何一个蚂蚁群都有一个蚁后、许多工蚁，有时候还需要特别的卫士。它们靠极小的大脑运作，却能协作共筑自己的家园。在一些物种中，一部分成员还需要用自己的身体

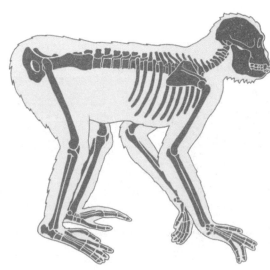

这是我们的祖先？

很多生活在大约 1 800 万年前的动物，比如非洲原康修尔古猿，它们的骨骼留存至今。从这些遗骨的特征判断，它似乎很像我们人类的祖先。它看起来像是猴子，用四肢行走。根据对其牙齿的分析，它在地球生命系统中，被置于猿和人所处的进化阶梯之间。

搭桥，以使其他伙伴能顺利通过。同样的，蜜蜂群会联合起来，一起寻找有蜜的花，一起去采集花蜜。

动物的这些行为是一种本能。换种说法，是它们天生就会的，而不是后天习得的。本能有时会造成一些令人惊讶的现象。比如，当寒冷的天气悄然降临，美洲大蝴蝶会自发地

发现于肯尼亚的古猿骨
这是一枚画有非洲原康修尔古猿的邮票。为了纪念这一伟大的发现，它的发现地被标明：东非肯尼亚维多利亚湖中的一个岛。邮票右下角注明：这是人类的起源。

离开加拿大，飞越千山万水，前往墨西哥这样温暖的地方。而当北美洲的夏天到来后，这些蝴蝶的下一代，又会设法返回北美洲。

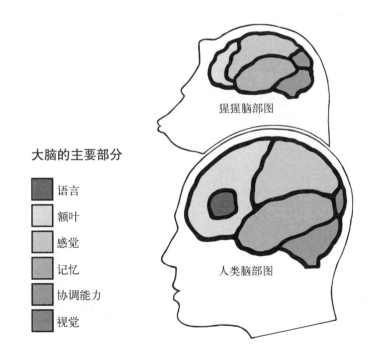

猩猩脑部图

大脑的主要部分

- ■ 语言
- □ 额叶
- ■ 感觉
- ■ 记忆
- ■ 协调能力
- ■ 视觉

人类脑部图

你 知 道 吗 ?

人类这一物种的拉丁学名是 *Homo sapiens*，它的原意是"智人"，也就是智慧的人，这个词非常明白地点出了人类的优势。相比其他动物，人拥有更大的脑容量，因而也就更加聪明灵敏。智人属于早期原始人的一个阶段，古人类学家（研究人类的史前祖先的科学家）认为我们是由早期原始人进化而来的。而从早期原始人状态开始，人类便具备了这样的物种优势。

尺寸比较
相比于如今黑猩猩的头部，非洲原康修尔古猿的头部很明显要大一些。而相比另一种动物狒狒，非洲原康修尔古猿的头部则要小一些。

人类有自己最显著的特性，那就是我们强大的思考和推理能力，我们还会从以往经验中学习。与身量相比，我们拥有相当大的脑子，还有运用语言的能力。人类是有史以来适应能力最强的生物。除了有推理的能力，人类还是有情感的动物，而对事物也有评价的能力。我们对差异、分析、美丽的事物、美貌的人，都会产生浓厚的兴趣。人类还会通过视觉和语言表达出幽默。

除此之外，人和动物近亲之间的区别并不是很明显。根据科学家研究，人类的基因组成实际上和黑猩猩非常相似。人类和黑猩猩的基因，大概有99%是完全一致的。当然，我们和黑猩猩并不能等同，除了有大脑的优势，人类的很多体形特征也和猩猩截然不同。例如，我们没有全身覆盖着的毛茸茸的体毛；我们会分泌更多的汗液；我们习惯于用下肢行走；可能最本质的一点区别是，我们可以用双手改造、控制我们的生存环境。

尽管在人类进化的研究领域，我们已取得了可喜的成就，但是仍有很多问题困扰着我们。在物种的进化历程中，我们人类是否已经到达了终点？或者，我们是否有可能继续向前进化？

这是否是原始人类

一块下颚的碎片被首次发现，这个消息鼓舞了整个考古学界！科学家认为，这些碎片属于一个体重小于18千克的生物。这个生物牙齿的形状、大小和现代人类几乎相同，化石学家们相信它

1932年，一块破碎的下颚被发掘出来，它几乎已经变成了化石，同时发现的还有一些牙齿。根据研究分析，科学家认为这些碎片来自1 200万—1 400万年前。科学家甚至认为，这些可能是我们人类最早的祖先所留下的。事实真是如此吗？

们属于一个原始人。

根据我们的判断，这种生物也有两只脚，生活于荒野之中。不过，还是有些专家对此表示怀疑。按他们的说法，如果没有发现它的腿骨，单单依靠牙齿就推测它能直立行走，这样得出结论似乎很草率。

第一个研究这些碎片的是美国科学家刘易斯博士，他宣称牙齿的主人是一个人类远祖。这种争论一直持续到1976年，一个完好无损的下颚骨被发掘出来。根据进一步的研究，大多数科学家的看法发生了改变，他们承认这些牙齿和下颚骨来自一只古猿，而不是原始人类。

腊玛古猿被认为是古猿家族的另一支系，并不是演化成人类的那一支。西瓦古猿和腊玛古猿类似，但是体积更大，它们和腊玛古猿属于同一支系，这两类古猿不处于人类进化的轨迹中。西瓦古猿的后代被认为是现代的猩猩，而非人类。根据对化石的研究，科学家如今达成共识：它们大多数时候是四肢着地行走的，而不是像人类那样只用双脚。

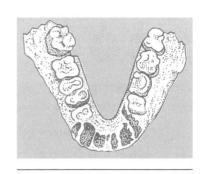

人类的近亲?
腊玛古猿牙齿的形状和大小，让人觉得它可能是人类的近亲，可是下颚骨的形状则表明并非如此。

巨猿是猿中体形巨大的一个种类，它也是由古猿进化而来的。我们可以把它们想象成一种巨大的、在地面上生活的猩猩。它们在大约1 000万年前就开始出现，直到距今100万年前仍存在于地球

知 识 窗

　　腊玛古猿和西瓦古猿的名字来自印度语言，那是它们第一次被发现的地方。科学家用印度史诗《罗摩衍那》中神的名字罗摩（Rama）来命名腊玛古猿，而用三相神中的湿婆（Shiva）命名西瓦古猿。

上。在喜马拉雅山区很偏远的一些地方，有人声称看到过一种长得和人很像的"雪人"。有研究认为，"雪人"就是远古的巨猿，它们很可能一直存活到了现在。遗憾的是，到目前为止，还没人能够捕获一个活的"雪人"。

骨骼结构

所谓的千年人，其学名为图根原人（ *Orrorin tugenensis* ）。它的学名和发现地有关，这个化石在肯尼亚的图根地区被首次发现，当地方言中的Orrorin是人类始祖的意思。但是一些多疑的科学家反对把它归为原始人类，他们觉得千年人和黑猩猩其实更相似。这些科学家不相信它能直立行走。尽管如此，这具骨骼大腿骨的最上端有一块球状凸起，形似人

2001年，一些距今580万—520万年的遗迹在非洲的埃塞俄比亚发现。一些科学家认为那是属于最早的原始人类的。后来一支法国考古队发现了一些年代更为久远的骨头化石，那些化石可以追溯到600万年前。由于是在世纪初被发现的，人们称其为千年人。

类的关节部分，所以，它仍有可能是直立行走的两足动物，这一观点被很多人赞同。

乍得沙赫人生活在距今580万—520万年前，考古学家是以几块骨骼碎片来判定它们的存在的。科学家研究了它们遗留的一块脚

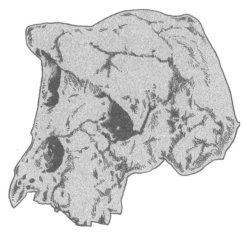

人类近亲？（上图）

在猿类"家谱"的人类这一支中，Toumaï可能是目前发现的最早的化石了。在它们生活的年代，非洲大部分地区都生活着许多种类的类猿动物。那时候，撒哈拉地区都还是绿色植物覆盖的，而不是像现在这样是一片沙漠。

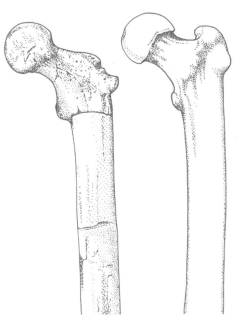

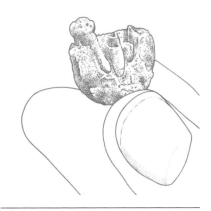

骨头的比较（左图）

左图比较了千年人和现代人的大腿骨最上端。是否可以肯定千年人是双足行走的动物呢？

人类的祖先？（右图）

地猿的遗骸通常都是些骨头的碎片，比如一个带着几颗牙齿的残缺下颚。看起来，这些骨头与后来出现的人类有些相似。

趾骨,看起来它们似乎是直立行走的。而下颚骨上还有一些小犬齿,其他牙齿也很像人类的牙齿。

非洲中部的小国乍得出土了一块完整的颅骨,这块骨头的历史大约有600万年甚至更久,科学界把其称为沙赫人乍得种。它还有一个昵称Toumaï,这在当地语言中指"出生在干旱季节即将开始前的小孩"。那么,它究竟是古猿还是原始人类呢?

人们一直在激烈地争论:这些骨骼化石是否真的是人类祖先的遗骸?科学家们坚信,人类和古猿在大约800万年前有一个共同的祖先。不过,我们还是不能很肯定人类发展演化的脉络。其实这也很正常。我们所拥有的化石非常少,而且大多数还都是碎片。牙齿是人体中最坚硬的部分,也最有可能保存下来,可是孤立的牙齿能告诉我们的信息非常少。其他大部分化石是下颚或骨头的碎片。一个完整的颅骨或者一条腿骨是非常少见的,更不要说完整的骨架了。说起来,我们发现的所有远古人类骨头化石,甚至填不满一个小小的乡村教堂墓地。年复一年,越来越多的化石被挖掘出来,我们也拥有越来越多的知识储备,可是还有更多的东西等待我们去发现。

南方古猿

当一具最古老的原始人类的骨架化石被送到营地的时候，营地正在播放披头士的《露西带着钻石在天上飞》（*Lucy in the Sky with Diamonds*），他们便使用"露西"来命名它。那么，它的本名应该是什么呢？

阿法南方古猿（南方古猿阿法种）的名字来自它首次被发现的地方——埃塞俄比亚的阿法。实际上，它属于南方古猿属的一个种，而科学家给它取了个昵称，叫做露西。露西的部分化石遗骸表明，它的体形相当小，直立起来大约只有1.3米高，腿短，臂长，并且有些弯腰驼背。它的手脚形状表明，在它不是直立于地面行走的时候，可能大部分时间会在树枝上挂着晃来荡去。在它的一些同类的遗骸中发现了拱状的脚骨，在此之前，人们只有在人体中才发现过相同特征。露西的大部分头颅骨已经无从寻觅了，但从一些同类的遗骸来看，它们的大脑大约只有430立方厘米大小，和黑猩猩差不多。露西生活在大约300万年前。

非洲南方古猿（南方古猿非

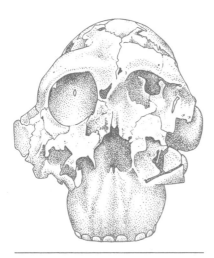

鲍氏南方古猿
玛丽·李基在非洲发现了这个头颅骨。

洲种）也是南方古猿属的一个种，它们生活在距今约400万—100万年前。非洲南方古猿在直立起来时大约只有1—1.38米高，体重很轻，可以直立行走。它们的牙齿比我们的要大一些，不过还是有很多相似之处。跟现代猿类相比，它们大脑占身体的比例要大一些。

一些晚期的南方古猿要更大也更强壮些，人们称其为罗百氏傍人（南方古猿粗壮种）。它们大约有1.32米高。臼齿比较大，且磨损比较厉害，估计平时会吃一些比较硬的植物。最大的南方古猿叫做鲍氏南方古猿，其中一些可以达到1.37米的高度。在东非发现的这个种类的遗骸有很大的颚骨和臼齿，它们因此有一个昵称，叫做胡桃钳人。实际上，跟现代人相比，它们上下颚的

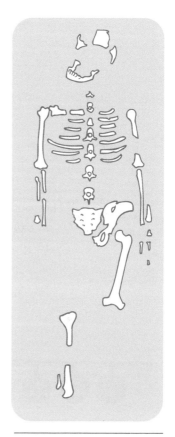

露西的骨架化石（上图）
我们已经发现了露西骨架的大约40%。

南方古猿（下图）
和现代猿类很相像，不过能两脚着地直立行走。现代人类很可能发源于一种早期的南方古猿。

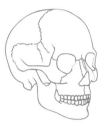

阿法南方古猿的头骨　　　现代人类的头骨

南方古猿与现代人类对比（左图）
这个南方古猿的头骨前额较低，脸平。另外，它的大脑容量还不到现代人类的一半。

咬合力并不显得有多大，而且它们通常的食物只是一些相当软的树叶。

你 知 道 吗 ?

　　*Australopithecus*的意思是"南方古猿"，*Australopithecus africanus*则是"南方古猿非洲种"，*Australopithecus robustus*意思为"南方古猿粗壮种"，而*Australopithecus boisei*（鲍氏南猿）的名字来自一个资助该项挖掘工作的伦敦商人。

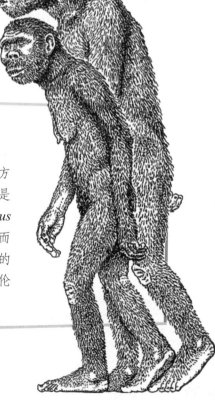

第2章
- - - - -
人类的
形成

最早的工具使用者

科学家们在非洲发现了几百块颅骨碎片。当他们试图将其拼成一个有意义的整体时,其难度绝对不亚于历史上最复杂的拼图游戏。

梅芙·李基是一位古人类学家。1984年,她的丈夫带队发掘出一些颅骨碎片,她和她的同事们足足花了六个星期,才把这些碎片组合起来,最后的结果非常振奋人心。在此12年前,李基团队在坦桑尼亚的奥杜威峡谷发现了一类原始人种——能人,而1984年发现的这个直立人头颅骨(图尔卡纳湖的小男孩),给能人的研究提供了非常有价值的线索。

这个种类与南方古猿并存了大约200多万年,可是他们之间有着很明显的区别。比如说,能人的大脑容量要明显更大一些(大于655立方厘米)。也就是说,能人拥有更高的智力。

大多数科学家非常确定,能人是最早可以用工具来屠宰动物和制作食物的生物之一。在他们的日常活动中,有时候会发现一些动物的尸体,他们会用工具从中刮取能够作为食物的肉。对牙齿化石的研究表明,能人是杂食性的,既吃各种蔬菜,也吃动物的血肉。

人属中,能人应该算是最早的种了。是能人,或者至少是一个与之非常相似的种,最终进化成了人类。我们现在知道,人类最早起源于非洲,而且时间要远远早于曾经所认为的那个时期。

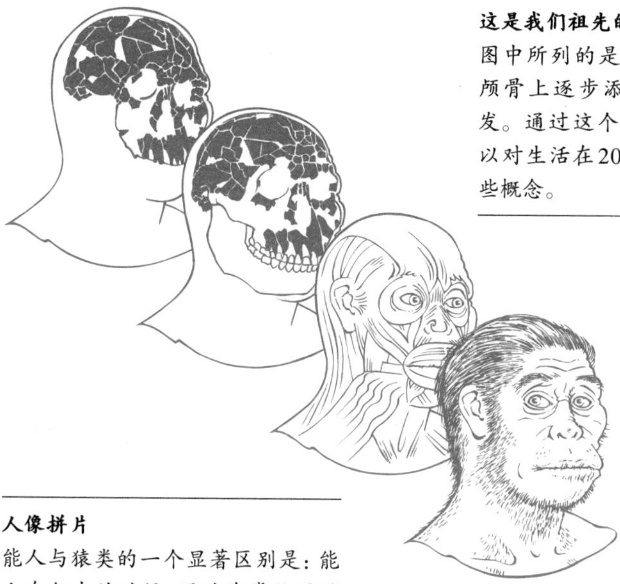

这是我们祖先的脸吗？（上图）

图中所列的是一种方法，试图在颅骨上逐步添加牙齿、肌肉、毛发。通过这个方法，也许我们可以对生活在200万年前的能人有些概念。

人像拼片

能人与猿类的一个显著区别是：能人在行走的时候，通过脚掌位置的变换来移动重心；而猿类的重心，通常都是在脚掌之外的。当然，能人和现代人类还是相差很远的。不过，它们的指骨看起来能够很容易地抓住一些东西，也许还能够用石块制造简单的工具。也许，它们也做过一些木质的工具，只不过都已经腐烂掉了。

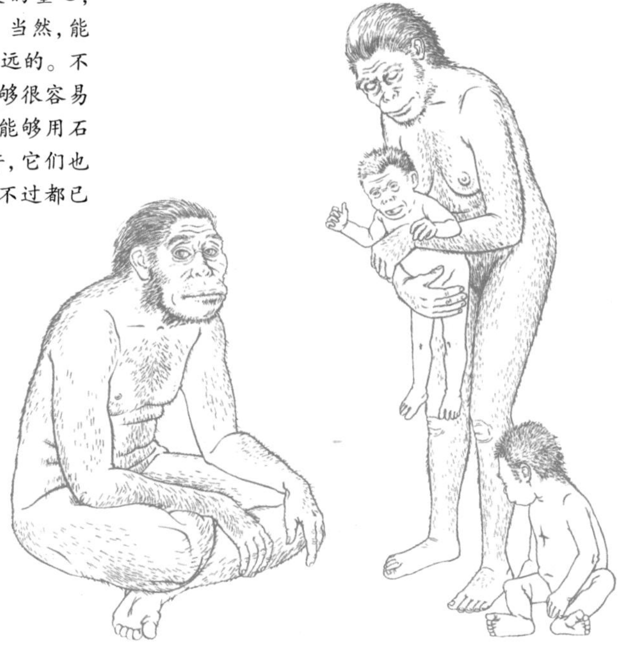

能人（下图）

能人平均不到1.5米高，体重较轻。

能人做的工具中，包括了一些小石块和小的岩石，他们利用石头与石头或是石头与木头的相互敲击，砸下一些石片。有的小石块只是其中一边被敲平了，有些则是相对的两面都被敲击过。这些被敲平的小石块和那些被敲下来的石片，可以用来切割动物的肉，或者作为武器。这些工具大约在200万年前被制作出来，可惜的是，在大约150万年前就几乎都不见了。它们或许很简单，可是非常实用。

非洲以外的情况

大约190万年前，一种新的原始人类在非洲出现。后来，他们迁徙到了亚洲和欧洲。科学家们把这一新的族群归为人类的一种，但是，他们与现代人在许多方面还是有很大不同的。

直立人（能够直立行走的猿人）在颈部以下与我们非常相似。他们能够以双脚为支撑直立，并且拥有比我们更粗的骨骼和更强壮的肌肉。显然，他们需要比我们做更多的体力活动。另一方面，他们的颅骨要小一些，前额明显地突出于脸部。大脑容量大约为1 000立方厘米，差不多是现代人类的3/4那么大。

我们现在所拥有的最完好的直立人化石，是在非洲的图尔卡纳湖附近发现的，那也是至今我们所发现的最完整的早期人类化石。它包括了颅骨和人体骨架的大部分，看起来像是一个大约13岁的小男孩，约1.6米高。如果直立人的身体成长规律和现代人相似的话，在他长大后，大约会有1.8米那么高。

最早的直立人化石都是在非洲被发现的。不过有证据显示，在大约100万年前，已经有直立人在东南亚生活了。在非洲发现化石的前几年，已经有挖掘队在亚洲的爪哇岛和中国，发现了不少直立人化石。另外，他们在欧洲也出现过。最终，他们在距今不足5万年前时消失。

阿舍利手斧是一种非常特别的石器工具，与一些从直立人演化出来的人种相关联。最早，这种手斧是在法国北部一个小村庄发现的，这也是它名字的由来。后来，又在欧洲其他地方发现了它的遗迹。它们的形状像是泪滴，看起来非常舒适，大小相差很大，也许是根据具体的使用情况而定。而且，它们更像是石器时代的小石刀，而不是斧子。它们可以用于切割、屠宰猎物和挖掘。由于使用起来非常方便，20万年前，它们还非常流行。

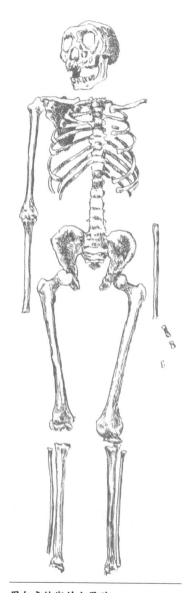

图尔卡纳湖的小男孩
至今能看到的最古老的人属骨架，属于一个在肯尼亚被发现的直立人小男孩。

庆祝
一张肯尼亚于1982年发行的邮票,用于
纪念人类的起源。

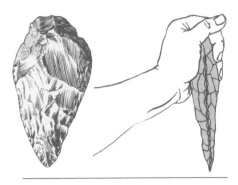

握住手斧
使用者可以握住手斧圆而粗的那一端,向
下用力,切割或者挖掘可食用的植物的根。

直立人(左图)
他们可能是最早知道怎么制造和使用火的史
前人类。

阿舍利手斧在非洲、欧洲和西亚地区的许多地方被发
现过,可是在东亚地区的直立人却不怎么使用这种工具。
是因为他们在发明这种工具之前,就迁徙到了这里,还是
有其他什么原因?

向现代人类演化

在地球偏北部的地方，直立人居住在洞穴里以抵御寒冷，就像在中国所发现的一种地域性的直立人——北京人一样。有证据表明，他们用树枝和石块搭建庇护所。这种原始的简陋小屋甚至能够容纳20人。

直立人已经可以有意识地制造工具。有些科学家相信，在中国、欧洲和非洲的一些地区，那里的直立人还会在日常生活中使用火。

从刚出生到长大成人，直立人的大脑能发育到原先的三倍，要远远多于猿类两倍的发育限制。这也意味着，直立人的童年时期要比那些快速成长的猿类更长一些，这一点和现代人类已经比较接近了。其他还有一些行为特征也表明，直立人比之前出现的原始人类要更高级一些。

大约30万年前，一些原始人类已经开始表现出混合的特征，即在直立人中发现的特征和在现代人类中存在的特征并存于他们身上。我们很难区分这些人是否经常搬家或改造自己的居所，老的居民是否被新的、更为现代的种类所替代了，或者原住民是否和新的外来种群杂交繁衍了。一些证据说明，最早的人

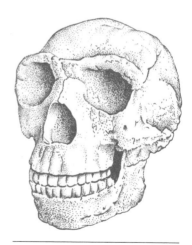

北京人的头骨
这个直立人的头骨（标本）要比现代人小一些。

21

发现早期欧洲人类的地点

这张地图标明了发现早期欧洲人类的一些主要地点。

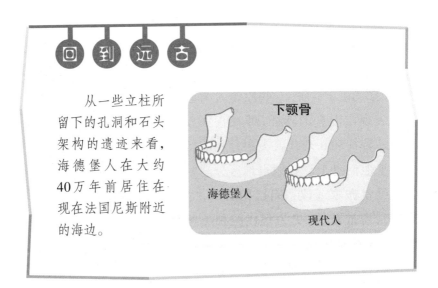

回 到 远 古

从一些立柱所留下的孔洞和石头架构的遗迹来看，海德堡人在大约40万年前居住在现在法国尼斯附近的海边。

下颚骨

海德堡人

现代人

一个简单而脆弱的庇护所
在地中海岸附近狩猎的远古人类搭建的椭圆形小屋,通常由树枝相互搭架而成。

类演化是从非洲开始的,后来这些人迁徙到外面广阔的世界,逐步替代了原先居住在该地的族群。

海德堡人,生活在大约50万年前的德国和欧洲其他地区。他们只有一个巨大的下颚,而没有突出的下巴部分。他们的牙齿很像现代人。在英国斯旺斯柯姆发现的头骨,应该是生活在25万年前的一个个体的一部分。复原之后,我们可以发现他的脑壳和现代人类的大小相当。一些在非洲发现的20万年前的头骨比较重,并且前额突出,但是脑壳大小都和现代人差不多。这些远古人类越来越像我们,不过其骨架仍然非常结实。

大约170万年前,大冰期开始了,随着一系列的冰川运动,对欧洲和亚洲北部地区的植物、动物和人类生活造成了巨大的影响。

尼安德特人的穴居山谷

1856年，在德国杜塞尔多夫的一个石灰石采石场爆破的时候，矿工们突然在碎石中发现一些看上去很怪的、弯曲的腿骨和一个头骨的一部分。当时没有人意识到，他们偶然发现的是一个多么重要的遗迹，这些骨头代表着一个多么伟大的时代。

早期的发现
在大冰期的寒冷气候下，洞穴可能是尼安德特人主要的居住场所。

尼安德特人的命名，来源于德国的一个小山谷。在那里，这种穴居的居住方式第一次被发现。人们相信，尼安德特人是在大约20万年前，从一个类似于海德堡人的人种演化而来的。直到3.5万年前，他们一直生活在欧洲和西亚地区。没有人知道，他们为什么突然消失了。也许是与新的外来者杂交融合了，也许是被征服了，也许只是被淘汰了。

在德国出土的一块化石木上，人们发现了一个模糊的指印。科学家们认为，尼安德特人学会了如何在火焰中缓慢地烘烤桦木，以制取一些黏稠的焦油。他们可以在制作工具的时候，用这些焦油来固定某些东西。

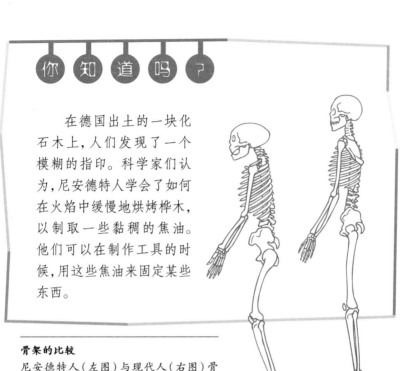

骨架的比较
尼安德特人（左图）与现代人（右图）骨架的比较。

又也许是骨头疾病的原因。我们所发现的一具尼安德特人的骨架有些弯曲。如果只是从这副骨架来重新构架，我们能够得到的尼安德特人图像，看上去是一种低智力的、弯腰屈背的生物。实际上，他们完全不是这样的。他们矮却强壮，并且肌肉发达，身体特征与现代的因纽特人很相近。这也是很容易理解的，他们生活在某个冰期时，自然就需要更好地保持热量。大多数尼安德特人的遗迹，都在他们为了御寒所生活的洞穴中被发现。他们的分布很广，我们发现了两百多个遗迹，有的在西班牙，有的在直布罗陀地区，而在法国、意大利、德国、克罗地亚、捷克、俄罗斯、乌兹别克斯坦、以色列、伊拉克和摩洛哥，也都有所发现。

尼安德特人发明的一种石器在法国的莫斯特第一次被发现，所

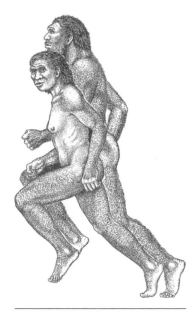

尼安德特人
女性尼安德特人要比男性小一些，
不过同样很强壮。

以也被命名为莫斯特石器。当时发现的有刮器、小锯、钻孔石器、磨器和刀具等。这一套工具可以用于屠宰猎物、切割兽肉和对动物剥皮等。很显然，尼安德特人是一种高智商的人类，他们已经拥有了一定的技术和能力，可以在寒冷天气中存活。虽然他们的前额依然向前倾斜突出，他们的脑部甚至比现代人类还要大一些。

有人相信，尼安德特人是最先采用宗教仪式来埋葬他们同类的尸体的，有时候会同时埋进去一些食物，以使得逝者在死后能够享用。尼安德特人也富有同情心。在对一具老年遗骸研究之后发现，他在死之前有很长一段时间处于半失明状态，而且由于关节炎，他已经瘸腿。但是，在他虚弱的时候显然受到过照料。

现代人的出现

"克罗马农的老人"，这是科学家们给他的昵称，因为从他的头骨研究表明，他已经大约50岁了。对于一个生活在3.5万年前的人来说，无论如何，都是一个很老的年龄了。在他边上的遗骸中，其中有一具是个女人。他们的遗骸为什么会在一起，没人能够知道。那个女人的遗骸表明，她在生前受到过一定的伤害。

典型的克罗马农人生活在欧洲。从很多方面来看，他们应该被归入现代人类的范畴。大约4万年前，他们生活在世界各地。相对于尼安德特人来说，现代人的脸比较短，脑壳较高，额头高，并且没有突出的眉骨。另外一个显著特征是，现代人有很明显的下巴骨、下颚较小、牙齿相对紧凑，大脑约有1 400立方厘米的容量，比起尼安德特人要稍微小一点。一些克罗马农人可以长到1.8米那么高，并且看起来很像现代人类。

大多数科学家认为，现代人发源于非洲，后来分散到世界各地。但其他一些则认为，在世界

在19世纪法国西部的一个洞穴中，偶然发现了一些古老的遗骸，其中包括一个女人、三个男人和一个婴儿。后来证明，这是一个非常重要的发现，他们证实了另一种人类曾经存在。由发现地，他们被命名为克罗马农人。

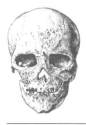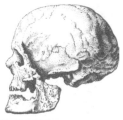

头骨特征
从头骨看，克罗马农人面部扁平，高前额，低眉骨，下巴突出。

他们看起来像什么呢？
艺术家试图再现一个典型的克罗马农人的面部特征。

27

克罗马农人的艺术
在欧洲突然兴起的洞穴艺术和雕刻出自克罗马农人之手。

埋葬同伴们的尸体
类似于在俄罗斯发现的2.3万年前的墓葬，克罗马农人在埋葬地位较高的人时，也会放入一些装饰物。下半图的老人在被埋葬的时候穿着毛皮所制的衣服，身边还有一千多颗珠子和装饰物。上半图的男孩们穿着串有珠子的毛皮，戴着象牙手镯，边上还陪葬了猛犸象牙制作的标枪。

各地，有很多人群独自从古老的人类演化到了更为"现代"的人类。有证据表明，尼安德特人与克罗马农人曾经并存过。后来，在大约3万年前，尼安德特人慢慢消失了。是克罗马农人把他们给消灭了吗？或者只是他们在食物和生活场所的竞争中，做得更好一些，使得我们无法从中找到他们原有的特征？还是两种人类合并繁衍了？在现代人类中，有些人也长着倾斜的前额和突出的眉骨。这是不是尼安德特人的基因表现呢？

世界真奇妙

威廉·巴克兰德是19世纪的一名牧师，他的另一个身份是业余的古生物学家。当在威尔士挖掘化石的时候，他发现了一具后来被称为"红女士"的骨架，骨架上面覆盖了一层赭土。在很久以后，人们才确定这具骨架实际上属于一个男性的克罗马农人，这也是这个人种第一次被发现。

智人的出现

很有可能是智人的机智和高度适应性，让我们能够存活和繁衍。在以往所有的人类之后，我们接替并统治了这个星球。尼安德特人已经走进了历史，他们的最后一代也许生活在现在的克罗地亚、西班牙和葡萄牙一带。1999年，葡萄牙国家考古研究所的若昂·齐里昂发现了一具青少年的骨架化石。研究表明，他生活在尼安德特人时期的末期，被称为尼安德特人与现代人的混血儿。其他科学家则认为，尼安德特人

大约4万年前，智人的演化似乎有了一次飞跃性突破，他们开始制造相当复杂的工具和武器，还给我们留下了非常出色的艺术作品。人类开始拥有创造力，并且发展出整个社会系统，开始进行交易，并拥有更强的语言能力。

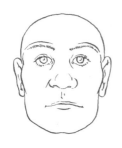 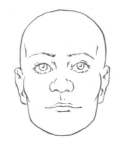 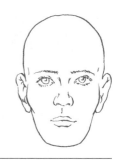

头部的演化

这三个头表明，在演化的过程中，成年人的脸显得越来越年轻。最左侧的脸是尼安德特人的脸，大下颚和大鼻子，头盖骨较低；中间那张脸属于克罗马农人，下颚和鼻子较小，头盖骨较高；最右侧那张脸是基于现代成年人的脸绘制的，下颚和鼻子更小，头盖骨更高一些。

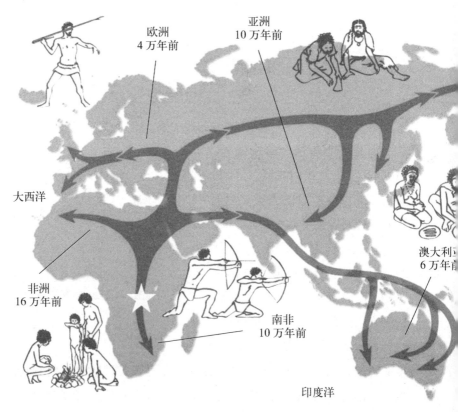

欧洲
4万年前

亚洲
10万年前

大西洋

非洲
16万年前

南非
10万年前

澳大利亚
6万年前

印度洋

的基因与现代人类有很大差异,使得两者之间的大规模混血很难出现,只是现代人类简单地取代了前者。

很有可能,在社会性行为进化的过程中,现代人类要比尼安德特人优秀一些。现代人类的群体要更大一些,他们的语言也更为完善。在埋葬死者的时候陪葬各种各样的"宝物"的行为,也表明这个群体更为复杂和有组织,并且通常有一个领袖来负责关于生活和死亡的某些特殊仪式。相比尼安德特人而言,现代人类显得不够强壮,不过平均身高要高一些。

随着我们拥有的资料越来越多,我们可以很清楚地绘出现代

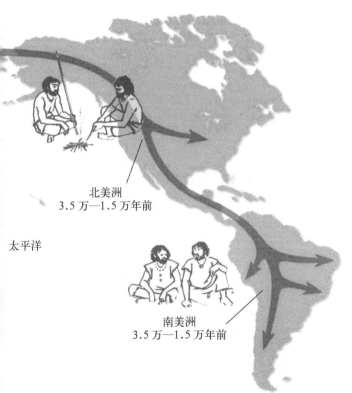

北美洲
3.5万—1.5万年前

太平洋

南美洲
3.5万—1.5万年前

现代人类的迁徙（跨页图）
目前被广泛接受的观点是,现代人类发源于非洲。在离开非洲后,他们首先到了南亚地区和澳大利亚,然后去了欧洲,最后迁移到了北美洲和南美洲。

遥 远 的 过 去

在印度尼西亚的直立人化石得到验证后,科学家卡尔·斯维谢表示,直立人可能一直存活到大约2.7万年前。如果真是如此,那他们就可能曾经和智人并存过一段时间。

人类繁衍和迁徙的路线:大约16万年前,现代人类在非洲首次出现;大约10万年前,他们开始离开非洲;6万年前,他们到达南亚地区和澳大利亚;4万年前,迁徙到了西欧地区;大约3.5万—1.5万年前,现代人类已经出现在了北美洲和南美洲。

第3章

在进化的
进程中

智力的进化

南方古猿的脑部并没有大于猿类。在人类演化的历史中，只有最近这几百万年来，大脑的直径才有了显著的增加。特别是，大脑各个部分（脑叶）的比例和实际大小有了明显的变化。增大的脑叶能够为记忆和思维提供更强的支持。

在研究人类大脑的进化时，科学家们遇到了一个很大的问题。人体的软组织通常不会形成化石，而是腐烂掉，所以很少有古代人类的脑组织被发现。不过，我们也可以通过测量头盖骨（脑壳）和颅骨的大小来判断。有时候，在头颅的内表面也能发现一些信息。

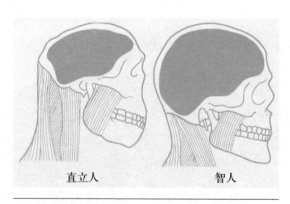

直立人　　　　　　智人

直立人和智人的比较

直立人的下颚肌肉非常有力，由于其头部很重，颈部肌肉相当发达。智人的脑部比较大，脸较短，因此在脊柱上方的脑袋更容易得到平衡，对颈部肌肉的要求也更低一些。另外，由于下颚较小，相应肌肉也要少一些。

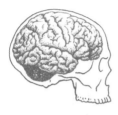
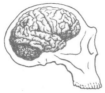
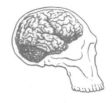
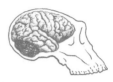

智人
现代脑部大小：1 400
立方厘米

直立人
100万年前的脑部大
小：1 000立方厘米

能人
200万年前的脑部大
小：655立方厘米

阿法南方古猿
300万年前的脑部大
小：425立方厘米

　　我们可以通过南方古猿的头骨知道，他们用于控制运动和情感
的额叶比现代人类明显小很多。另一方面，他们用于控制视觉的枕
叶却和现代人类的生长程度相当。他们的顶叶（大脑各半球位于每
块顶骨之下的分隔物），也就是用于采集和接收各种信息的部分，大
约是现代人的2倍大；颞叶——用于控制记忆，则有3倍以上的大
小。南方古猿可能已经进化到在某些时候可以用两只脚走路，可是
他们的智力仍然低下，可能只是比他们的祖先——猿类稍微高一点。

　　能人的头盖骨内容量已经增加了很多，大约比南方古猿多50%，
直立人则再多50%。而我们的大脑大约是始祖们的3—4倍大。

　　大脑越大，就需要越多的能量，而我们通常从富含热
量的食物中获取这些能量。我们祖先的食物通常以植物
为主，并且吃得也很少。后来，食物的品种逐渐增加，包
括许多肉类，便增加了他们热量的摄入，在一定程度上也
促进了大脑体积的增长。

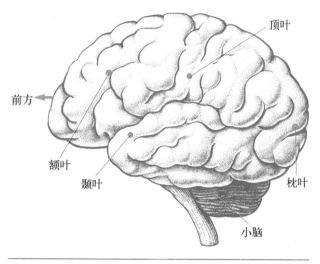

人的大脑

人类的大脑是一个非常复杂的结构，其中的各个部分都有各自的功能。最外面的大脑皮层用于控制运动和记录情感，由无数的大脑细胞组成。用一个量化的概念表述，16立方厘米之内的神经纤维如果首尾连接起来将会有1.6万千米那么长。

形体的变化

　　人类非常独特的一点是用"后腿"走路。直立的时候，"后腿"最上面的那部分向内倾斜，膝盖则直接在躯体的下方。双腿向后和向前的摆动在行走中达到最高效率。在脊椎上，有一个相当特别的弯曲部分，它可以使我们以挺直的姿势站立。使我们巨大的脑袋，也能够在脊椎的上方保持着平衡。在过去的几百万年之中，形体上发生

的许多变化,最终造就了现在的
人类。

　　另一个在人类演化中的进
步是抓取物体的能力。对于大
多数猴子和猿类来说,它们的拇
指与其他几个手指分开,这使得
它们能够紧紧抓住树枝或者其他
物体。而人类的手指更是目前发展进化得最好的。我们可以拾取

   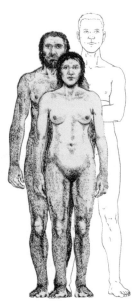

南方古猿	高等南方古猿	直立人	早期的智人　现代人
300万—200万年前		**150万年前**	**100万年前**

进化
这些图像给出了一个从南方古猿到现代人类的发展历史。为了比较体形的大小,我们把现
代人类画在了智人的后面。其中的一些变化是根据对化石的研究给出的,而另外一些则是
猜测。

37

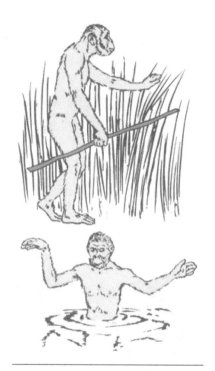

和使用各种各样的东西，用我们的手，可以对它们做到非常精确的移动。这种能力和我们的大脑一起，使得人类的行为与其他生物相比，存在非常显著的差异。

以上这些变化都可以从化石中发现。可惜的是，有些变化我们无从考证。比如说，我们猜测早期的南方古猿和它们的近亲猿类一样，也是黑色皮肤。这个观点看起来是蛮有道理的，因为它们来自热带。当然了，还是有一些猩猩的皮肤颜色比较浅。对人类来说，浅色的皮肤也许只是一个最近才出现的特征，是在从热带迁徙

直立行走
我们的祖先为什么要开始直立走路呢？是为了能够越过热带草丛看远处的东西，还是为了涉过浅水？

知 识 窗

　　有一些变化仍然在发生。我们的祖先拥有相当大的下颚和牙齿，而我们的则小得多。在过去的几千年里，欧洲人的下颚也有细微的变化。由于我们平时大都吃一些煮得比较软的食物，巨大有力的牙齿已经没有必要了。如今那些牙齿很大的人大都来自以生肉为主食的群体。

到那些日照比较少的地方后，才逐渐演化的。另外，我们猜测南方古猿全身长满了毛，也和猿类一样。现代人当然不是这样的，我们也有许多毛发，但是大多数都很小很细，所以看起来现代人的身体无毛。与猿类不同的是，我们有许多很发达的汗腺。由于在化石中看不出这些东西，我们不知道这一变化是什么时候发生的。有些人猜测那是在我们的祖先需要进行一些长时间的体力活动的时候，比如说在旷野中追赶猎物。另外，没有人知道直立人身上的毛发有多少。在寒冷的天气里，至少有几千年的时间，他们已经懂得穿衣服来御寒，使得那些人的皮肤也许已经和我们的皮肤比较相近了。

另一种研究我们祖先的方法

每个动物或植物的每个细胞中都拥有一种非常小的储存遗传信息的结构——DNA。克里克和沃森发现，DNA是一种很长的分子，由两条"带子"盘旋而成，这种结构被称为双螺旋结构。每条"带子"上有一些小小的接点，这些接点能够有选择地搭配成"桥"，并且把两条"带子"紧紧地结合在一起。这些"桥"组成了一

20世纪一个最伟大的发现诞生于50年代，当时两个科学家宣称，他们已经解开了遗传的密码。他们是在英国剑桥大学做研究的英国人弗朗西斯·克里克和美国人詹姆斯·沃森。此后的很多年，这方面的进展仍然很慢。不过在20世纪的末期，有了很大的进展，人们测定了很多生物的基因组成。这使得科学家们拥有了另外一件工具，来测定不同种类之间有多少相关性。

DNA（左图）

任何动物或植物的每一个细胞中都有这样储存遗传信息的结构，我们称其为DNA。

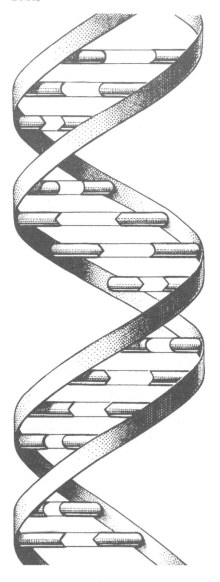

种特殊的编码，可以控制细胞的功能和特性，进而决定生物体的整体形状和功能。沿着DNA链，许多的编码群便构成了基因。基因可以决定你的各种特征，比如说你的眼睛是褐色的还是蓝色的，头发是浅色的还是深色的，有一个大鼻子还是小鼻子，等等。身体中基因的构成部分一半来自母亲，另一半来自父亲。

科学家们猜测那些看起来长得很像，又有一个共同祖先的动物，应该有相似的基因。事实也确实如此。比如说，和一只蠕虫或者海星比起来，你的基因和一头牛的要相似得多。通常，基因比较的结果和解剖学

研究的结果很相符。科学家们还发现人类的DNA和黑猩猩的非常像，相似度能达到98%，真是不可思议。这也是和我们人类最相似的基因了。其他的猿类在这方面与人类的距离则要远一些。

行为（右图）
简·古道尔对黑猩猩做了无数次的野外观察，她发现它们的行为要比以前人们所认为的复杂得多。

黑猩猩的面部表情（跨页图）
跟我们一样，黑猩猩用面部表情来传达情感。以下从左至右依次是它们的一些情感模式：悠闲、问候、微笑、发怒。

在生物演化的历史上,有时候可能会有突然的飞跃。科学家们解释说,在基因复制的过程中,会发生一些损坏的情况,使得复制品和原基因不太一样,可是这种不完美的复制品仍然会遗传到下一代的体内。通常来说,损坏导致的区别很细微,我们很难看得出来。可是,有的时候可能会有很大的不同,使得生理上的特征有非常显著的改变。对于动物和植物,都同样如此。

从这些研究的结果,也许我们可以说,黑猩猩和人类曾经有一个共同的祖先。黑猩猩和早期人类化石的分布很清晰地表明,这些祖先应该生活在非洲。

更多关于基因的知识

和细胞核中的DNA一样,在线粒体中也有类似的微小结构,它们在细胞中充当了能量的来源。

线粒体DNA在决定性别和繁殖中不起任何作用,它只是被动地、保持原样地从母体进入子体。它唯一可能发生变化的情况,是在制造中偶尔出现的随机

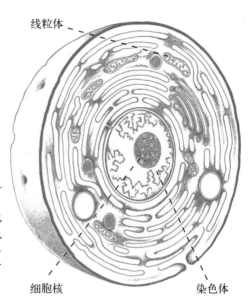

线粒体

细胞结构

细胞中有一个包含染色体的细胞核，染色体则由DNA构成。细胞核中的DNA一半来自父亲，另一半来自母亲。线粒体也包含有DNA，不过都来自母亲。

细胞核   染色体

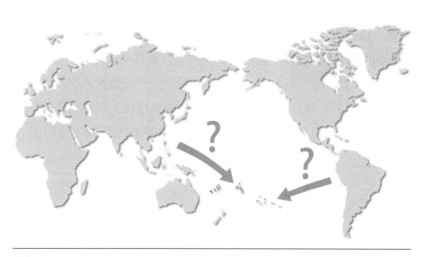

祖先

波利尼西亚的岛民本是来自美洲，还是来自东南亚呢？前一种推测依据的是洋流的走向，而后一种则是以他们饲养的家畜而推测的。线粒体DNA的研究表明，他们与东南亚的居民更相似一些。

错误,或称其为突变。人体中的一段线粒体DNA序列已经被测定,从而也能知道其中的化学编码。这种突变的概率是非常低的,可能1万年才会发生一次。如果我们已经测得一个相当稳定的分子的突变概率,那么要从母系着手研究人类的源流,这个分子将是一个非常有效的工具。

当布莱恩·塞克斯在牛津大学任人类遗传学教授时,他证实了有可能在古代骨骼的化石中找到活着的DNA。更令人震惊的是,对线粒体DNA的研究表明:全世界几乎所有具有欧洲血统的人,无论他们现在住在哪里,都是从七个女人中的其中一个繁衍而来的。这样的人的总数大约有6.5亿,甚至更多一些。塞克斯称这七个女人为"夏娃的七个女儿"。

对线粒体DNA的研究也得出了一些非常有趣的结论。我们知道很多有非洲血统的现代人,他们之间的线粒体DNA差异比世界上其他人之间的差异加起来还要多,这样的DNA只在一代代的女性之间遗传。这说明,人类最早是在非洲进化的。在那里,长时间的进化形成不同的种群,而那些中途迁徙出去的人只是其中极少的一部分。

而通过线粒体DNA的对比,也可以知道,尼安德特人和现代人类其实截然不同。现在,一些科学家相信,如果现代人类沿进化脉络回溯,都能找到一位非洲的女始祖,而她可能生活在距今20万年以前。

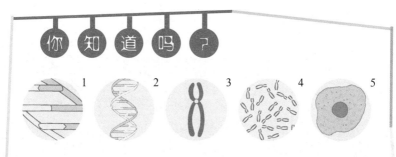

一种不可见的"链"将你的身体与地球上最古老的人类联系起来。基因(上图1)是组成人体内DNA(上图2)的基本结构,它们从祖先遗传而来。每个基因都携带了一些遗传信息,告诉那些细胞该如何来构建并行使各自的功能。染色体(上图3)由DNA构成的。当许多的染色体结合在一起的时候(上图4),细胞核(上图5)便形成了。每个细胞还包含了一些核外的基因,它们经历了20万年漫长的时间,从最早的现代人类一直传递到了我们的体内。

第4章

- - - - -

远古生活

早期的工具

猿类从地上捡起树枝或者石块作为武器，扔向目标。有时候，它们也使用嫩枝来寻找食物。然而，当我们的某个祖先试着敲打和磨制石块以使它成为一个更好用的工具时，他不经意地跨出现代人类标志性的第一步，那就是制造和使用工具。

我们所知道的最古老的工具可以追溯到300万年前，由一些敲打出边角的石块和从某些岩石上敲下来的锋利石片所组成。不过在此之前，树枝、动物的骨头和鹿角已经被广泛使用了。

在这之后，有很长的一段时间，直立人制造并使用一些简陋却有效的工具，比如手斧和切骨刀。早期的智人可能也使用类似的工具。在10万—3.5万年前，尼安德特人开始制造比较高级一些的工具，比如刮器、有刀背的刀、钻孔器和小锯子，还有能够安装在标枪上的枪尖等。尼安德特人采用了一种"勒瓦娄哇技术"，在一块光滑材料构成的

制造一个燧石工具
用石锤可以敲打出大致的形状（上图），然后可以用软一些的骨槌来加工（中图）。边缘可以用加压剥离法来修整：将一个尖锐的东西压在边缘上，直到一个小石片最终脱离下来（下图）。

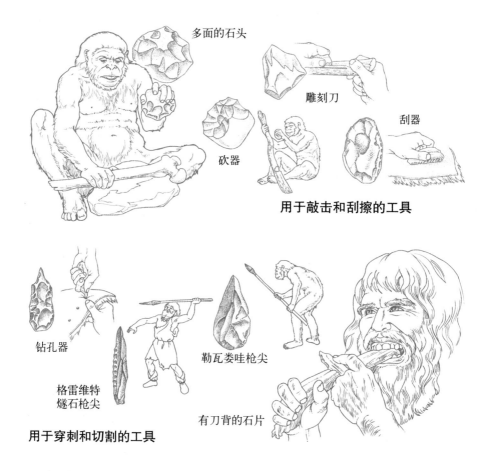

多面的石头

雕刻刀

刮器

砍器

用于敲击和刮擦的工具

钻孔器

格雷维特
燧石枪尖

勒瓦娄哇枪尖

有刀背的石片

用于穿刺和切割的工具

石头（如燧石）上敲打，以得到一些具有特殊形状的石片。这些石片需要继续进行加工，才能得到他们所需要的工具。

尼安德特人之后的克罗马农人在制作工具方面做得更好。在西欧，人们发现了一系列制造工具的"文明"，它们大致以时间顺序更迭。随着时间推移，工艺显得越来越精细。有制作精美的叶形刀片、燧石小刀、箭镞、钻孔器，还有精致的鱼叉、鱼钩和骨质的枪尖，甚至还有象牙制作的工具。随着工具和武器的制作越来越复杂巧妙，狩猎和打鱼也变得越来越容易，这也促使更大的群体得以生存下来。

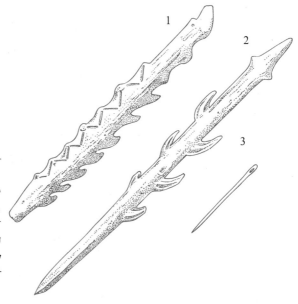

高级工具

在新石器时代，人们已经可以用锋利的石器，加工动物的骨头或者鹿角，以制作非常精细或者复杂的工具，比如鱼叉（图1、图2）或针（图3）。

1

2

3

在当今世界上的某些地区，人们仍然在使用石器时代的某些工具。这样的群体有南非的丛林居民和澳大利亚的土著居民等。研究者们在向他们学习的过程中了解到这些工具的制作和使用方法。

你 知 道 吗 ？

在美国科罗拉多州的某处，一些大约有1万年历史的工具和几百只北美野牛的骨架被一起挖掘出来。这使得一些专家推测，即使是在那么古老的年代，社会群体中已经出现了专职的屠宰者。

打猎

虽然在今天看来，我们的祖先懂得的很少，但事实上，他们非常聪明。由于徒步追赶和捕获猎物非常困难，他们通常会设置一些陷阱，而弓和箭是相当晚的时候才被发明的。如果运气好，有大的动物掉进陷阱，他们就不只是有肉吃了，还可以有毛皮来做衣服穿。有时候，整个部落都会

人类最早的祖先可能并不吃肉，而主要采集如坚果、植物、水果、根茎、鸟蛋和其他任何能够食用的东西。后来，他们开始从动物的尸体上获取腐肉，再后来开始直接捕杀动物。在那时候，他们还不懂得如何使用火来烤熟兽肉。

你 知 道 吗 ？

一个25万年前的象骨遗迹在西班牙被发现，曾经有野生象群在那里出没。这似乎暗示着我们的祖先通常会把象群赶到一个坑地或者沼泽中以方便捕猎。这种大型动物能给他们提供充足的食物。在史前时期，马肉也是一种比较常见的食物，甚至现在欧洲的有些地区仍然在食用马肉。在法国，大约1.7万年前的大量马匹遗骸曾被发现。据研究，马群往往是被赶到一个悬崖边，无路可逃，只能等待被屠宰的命运。

被捕猎的动物（上图）
我们祖先的捕食范围
很广，从猛犸象乃至
乌龟、鱼类和贝类。
在古代营地的遗迹中，
往往可以发现他们所
喜爱食物的骨头或甲
壳。从古老工具的痕
迹可以看出那些肉是
如何被切割下来的。

石洞壁画家（下图）
石洞壁画的内容往往描绘了人们
想要捕食的动物。不过，在画中
最常出现的动物往往不是在遗迹
中最常发现的种类。

参与同一次狩猎行动。如果一群动物被盯上了，它们或许会被一直追到悬崖边，最后被迫从上面跳下去摔死。尸体会被带回营地，早期人类会用锋利的石刀和刮器把肉从骨头上分离下来。

我们还知道他们使用了一些更为狡猾的方法。有时候，猎人们会穿着动物的毛皮，伪装成它们的同类，慢慢靠近，然后突然袭击。这种时候，那群动物中最小和最弱的个体往往会被选为目标。小型动物可以用石头砸死，或是用石头反复捶打，然后做成美餐一顿。早期人类打鱼的时候，只是用标枪来刺大鱼。后来，他们发明了专门的鱼叉，简单的渔网也被用于在岸边捕鱼，或有用篮子做成陷阱来捕鱼。在世界上许多地方，这些方法仍然被使用着。

祖先们捕捉动物只是用做食物吗？有时候，我们能在洞穴中发现非常多的动物头骨，也许它们只是作为打猎的战利品展示在那里。可是被排放得那么有序和巧妙，不能不让人怀疑它们或许被用于某种仪式。至今，我们还是不清楚这些头骨的具体含义。

设置陷阱

那些经过的猛兽，比如说猛犸象，往往会陷入地上一个经过伪装的陷阱中，然后被人类用标枪刺死，或是用棍棒敲打而死。

史前人类的食谱

虽然我们还远远不清楚祖先们具体吃什么，但我们还是有许多线索的。下颚和牙齿的形状，告诉我们他们主要对付过哪些食物。从牙齿的磨损情况和方式，我们还可以得到更多一些信息。有时候，我们可以在人体的遗骸或者营地的遗迹中，发现一些食物的痕迹。可以确定的一点是，在人类演化的过程中，对于食物的偏好一直在改变。

我们所知道的最早的人科动物——南方古猿，和他们的猿类近亲一样，都是以植物为主食的。他们臼齿的形状适应于咀嚼植物。那些巨大而严重磨损的臼齿表明，一些体形巨大而强壮的南方古猿经常吃一些坚硬的植物，而其他种类则主要以柔软的树叶为生。非洲南方古猿则和猩猩类似，喜欢吃水果。用显微镜对牙齿磨损情况的观察证实了这一点。在显微镜下可以清楚地看到，不同

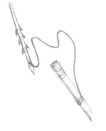

投掷标枪
克罗马农人发明了一些狩猎的新技巧，例如标枪发射器可以增加投掷的距离和威力，还有鱼钩和鱼叉可以更容易地捕到鱼。

狩猎（左图）和分割猎物（下图）
虽然直立人还是吃很多的植物，
比如水果和植物块茎，但肉类对
他们来说，可能是一种更令他们
满意和有营养的选择。

的食物会在牙齿表面留下不同的刮痕和凹槽。科学家们能够很容易区分平时吃肉的牙齿与吃素的牙齿，甚至可以辨认出所食用的植物是水果、树叶，还是从地下挖出的、带着些沙土的块茎。

能人可能摄入一些肉食，大多数还是从其他食肉动物的尸体上刮下来的腐肉。在人类历史的早期，许多被工具砍过或者刮过的动物骨头上都有一些牙齿啃咬的痕迹。在直立人时期，肉类则占了更大的食物比重。虽然狩猎对他们来说还是相当危险的，不过还是有证据表明他们已经开始了这种行为，从狒狒到象类都成为他们的目标。在某个时间点，他们开始懂得使用火，这样就可以使得肉类和

坚韧的植物要嫩或软一些。相对于植物而言,肉类能够提供更多的能量。而这种获取肉食的能力,也许是直立人能够迁徙到寒冷地区的影响因素之一。

在大多数现代人类的食谱中,肉类占了相当大的分量。当然,这个比例在不同地区是不同的,取决于各地的具体情况,包括哪些动物是他们能够捕捉到的。在寒冷的地区,有些部落基本上以兽肉和脂肪为生。以我们的当代观点看来,也许这样的食谱是不够健康的。可是对他们来说,他们需要很多兽肉所提供的能量来维持日常活动。

食人者

在西班牙北部的阿塔普埃尔卡地区,古生物学家们发现了一个早期人类遗迹。那是一个被称为"众骨之坑"的洞穴,洞穴里有许多人骨化石,包括头骨、肋骨和人体的其他部分。

最令人震惊的是,在这些有着80万年历史的人骨上,有一些被刮掉附肉的痕迹,还有被石器砍过的、刮过的或者敲打过的痕迹,与在动物的骨头上(比如鹿骨上)发现的痕迹是一样的。我们只能猜想,这些人身上的肉也是被刮下来吃掉的。为什么会出现这种食人的行为,我们还不清楚。也许是部落里已经过度缺乏食物,吃人肉则是无奈之举;又或者,是因为某种仪式。越到近代,这种食人的行为越少。不过,在某些曾经有过此类习俗的部落里,还是有人相信:在某个杰出的人死后,如果其他人能够吃到他的肉,他们就能更强壮或者更聪明。甚至还有这么一种理论,家庭成员吃死者的肉是对他尊敬的一种表现。

在法国东南部的默拉戈西洞穴发现的尼安德特人遗迹中,也有一些采集人肉和骨髓的痕迹。在这个10万年前的人类居所中,有两个成年人、两个少年和两个小孩被认为是遭屠杀的。他们的脑壳已经被敲碎了,科学家推测,大脑部分是被其他人给吃掉了。另外,还有一个人的舌头也被割掉了。

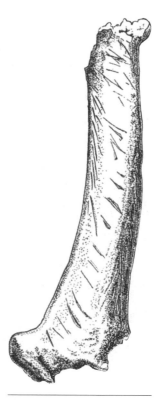

被屠杀的人的骨头
一块上面有许多割痕的骨头,似乎是尖锐的石器造成的。

尼安德特食人者

没有任何理由认定早期人类将食人作为一种正常的生活方式。但
不可否认的是，至少有时候，他们还是会这么做的。

在美国科罗拉多州西南部的一个叫做牛仔沃什的地方,考古学家们发现了一个古老的村庄。在那里,有7具未被埋葬的、肢解了的人体遗骸,他们的肉看上去是被用做了食物。对排遗物化石(粪化石)的检测也表明,当地曾经是一个人类聚居地。一些科学家认为,这些村民被吃掉以及之后产生的排遗物,可能说明原住民被一个入侵的部落或群体消灭了。但也有可能是在饥荒时,他们被自己人给吃掉了。确实,在这个村庄彻底无人居住的大约公元1150年之前,当地有过一段非常糟糕的干旱时期。

早期的疾病

在东非的库比佛拉,发现了一根女性直立人的腿骨,给我们提供了一些关于当时疾病的信息。腿骨的外表骨细胞排列得相当无序,不是通常强壮骨头那种紧密的样子。从现代医学看来,这种骨畸形,可能是由于摄入过多的维生素A引起的。一些饥饿的极地探索者,常常被迫以北极熊的肝脏为食,结果就因维生素A摄取过多而死亡。而极地探险的幸存者们也有与那个库比佛拉女人一样的疾病。也许她也是吃了某些大型食肉动物的肝脏，比如狮子的。

另外，一些爪哇直立人的骨头，则表明他们是因为火山爆发，导致氟化物中毒。

许多尼安德特人的标本，表明那些个体在骨骼上曾有一些病变发生，可能是因为生活艰苦造成的。20世纪早期发现的著名的尼安德特人标本是"拉切贝尔老人"，他的结构相当完整，将其复原后，能看出他是一个有些瘸腿的、驼背的、矮于当代人的类猿物种。五十年之后，英国解剖学家凯夫和他的美国同事施特劳斯，重新研究了这具遗骸。根据他们的研究，他生前患有非常严重的关节炎，才使得其脊椎弯曲。尼安德特人的平均身高和现代人类其实是差不多的。凯夫表达得更直白，他宣称：如果一个尼安德特人在洗浴后，剃掉满身的毛发，再穿上正装，恐怕很难从一堆现代人中将他区分出来。

1856年挖掘出的第一个尼安德特人，在生前也有一些疾病。他的左臂断了，因

我们祖先的遗骸已经成为珍贵的化石，可以告诉我们他们长什么样以及他们的生活方式是什么样的。有时候他们也可以告诉我们，他们生前所受到的伤害和所患疾病。牙齿的磨损和发育情况，可以让我们知道在他或她死的时候已经多大年纪了。那些长骨和它们的两端，也可以帮助我们推测他们死时的年龄。

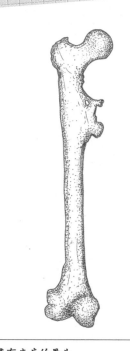

带有疾病的骨头
这是一段在爪哇发现的直立人的大腿骨。

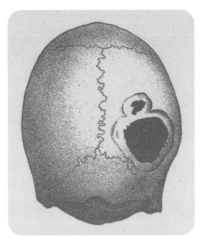

头骨上的穿孔（左图）

也许这是最早的外科手术。用锋利的
燧石工具，在一个智人的头骨上穿孔。
也许这是试图把病人的疯癫或者癫痫
治愈。

而很难派上什么用处。另外，他还有很严重的关节炎。他之所以能活那么久，肯定是因为群体中其他人的照顾。2002年4月，一个瑞士苏黎世大学的生物学家发表了他对一个头骨的研究报告。头骨上面有一个洞，可能是另一个尼安德特人用工具敲打而致。虽然有时候尼安德特人有些暴力，但是那个头骨上的一些小碎片被人重新拼合了，并且有人照顾伤者

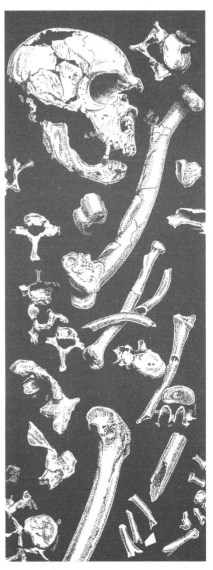

尼安德特人的骨头（右图）

图中是在拉切贝尔发现的早期尼安德特人
的一些骨头，其中包括两端带有关节炎病
症的长骨和畸形的椎骨。

尼安德特人所受的伤害也许可以告诉我们一些关于他们生活的细节。有人分析了大量骨骼化石上愈合的伤口，这些伤口大都发生在头部和上半身。同样的现象在牛圈骑手的身上也存在。这些现象似乎表明，尼安德特人和大型动物有着近距离的接触，或许并不只是作为骑手，还作为猎者，为了捕获猎物而进行过近距离搏斗。

直到痊愈。看起来，尼安德特人还是有相当的社会意识的，而且也相当富有同情心。

一些尼安德特人的遗骸中有佝偻的迹象。通常，这种疾病是由于饮食中某些营养摄入量不足，致使腿骨弯曲。在今天的某些贫困地区，仍然存在着这种病症。

远古的流浪者

一些科学家猜测，古代人类从非洲迁徙到东南亚，可能是沿着海岸线走的。在那里，他们可以比较容易地捕捞贝类作为食物。虽然这一段距离很长，但其实他们可能并没有花很长的时间完成。计算表明，即使人们每年只向东迁徙1千米，不到1万年时间也能到达

基本上可以肯定非洲大陆是我们人类（智人）的发源地。非洲与亚洲是相连的，并且通过西亚，非洲和欧洲也连在了一起。所以也很容易理解，他们慢慢地扩散到了亚洲和欧洲等所有能够获取足够食物的地区。可是，由于海洋的隔离，澳大利亚和南、北美洲与亚欧大陆是分离的，那么他们是如何到达这些地方的呢？

东南亚。实际上的过程也许会比这个估算结果还快许多。

在上一个大冰期的很多时段内，世界上的许多水都以冰、冰川的形式存在，液态水不多，因此当时的海平面比现在要低得多。在东南亚如今是岛屿的地方，例如爪哇岛、苏门答腊岛，当时是和大陆连接在一起的。这使得人们可以很容易地扩张到那些区域。澳大利亚一直都是一个岛屿。原始人类也许可以乘坐原始简陋的小船过去，每次的航行甚至不超过65千米。澳大利亚天气暖和，也许在欧洲寒冷的大冰期之前，就已经有现代人类在那里居住。我们可以确定的是，在4万年前，澳大利亚已

穿越白令海峡

在冰川之间，曾经有一条路桥连接了西伯利亚和如今的美国阿拉斯加州，现在这个地方已经成为白令海峡。虽然当时的气候和各种条件可能会很恶劣，可至少还是给当时的人类提供了一条能够穿越的路径。

在我们祖先迁徙的过程中，他们经过了不同的气候带，身体也在几千年的时间里慢慢适应这些气候变化。在热带，深色或者黑色的皮肤是一种优势，因为它们能够产生黑色素，可以阻止过强的太阳光带来伤害。而白色的皮肤由于无法产生黑色素，在强烈的阳光下会脱皮或起水泡，所以白皮肤更适应多云的、比较凉一些的气候，只需要吸收足够的紫外辐射，借此产生身体健康所需的适量维生素D。那些生活在温带的深色或黑色皮肤的人，有时候反而可能会缺少维生素D，严重的时候可能会导致佝偻病（一种骨头疾病）。

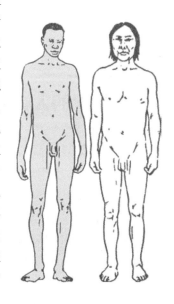

经有现代人类了。也许更早一点，在6万年前就有了。有人研究了那里的野生动物生活史以及在那里曾经发生过的丛林大火。他们据此认为，人类在澳大利亚的出现可以追溯到10万年前。

我们还不清楚第一批人类到达北美洲的具体时间，也许距今还不到2万年吧。不过在1.1万年前，人类已经遍布整个北美洲和南美洲。

最早的人类房屋

洞穴是很好的避难所，可供早期人类躲避恶劣天气和凶猛野兽。不一定是很深的洞穴，通常一块凸出岩石的下方，也可以给他们提供一个不错的住处。有时候，洞穴也会被用来储藏食物或者埋葬逝者。但并不是所有人都住在有山洞的地方的，那么，他们在野外的时候又是怎么居住的呢？

早期人类在旷野上所造的棚屋，到如今基本已经荡然无存。不过，还是有很多古代的屋子被发现和挖掘出来。

人最初自行搭建的家，通常是帐篷或者简陋的棚屋，由一堆树枝搭出基本构架。2000年的上半年，在日本东京附近，发现了一些直立人搭建的屋子的痕迹，大约有50万年历史。它们的位置正好处在附近的火山最近一次喷发出的火山灰层上面，所以，我们可以准确地推测出它们搭建的时间。在火山灰层中，钻有十个孔，用来插棚屋的柱子，每个屋子五根。在其中，还发现了一些石器。主体屋

原始人类需要做很多工作，才能完成一栋房屋的搭建。其中一个屋子需要95头猛犸象才能造成。并非所有这些猛犸象都是人类捕捉到的，有些骨头上面有动物撕咬的痕迹，估计是猛犸象受到了别的动物的袭击，骨头随后被人类捡到。猛犸象的下颚骨用来咬合和连接其他部分，使得整个建筑更为完整和牢固。一只小猛犸象的头骨就重达100千克，因此其头骨往往可以起到压镇的作用。

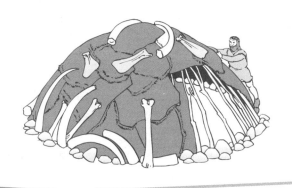

架的上面可能覆盖着一些带叶子的枝条。这些棚屋是用来长期居住的，还是仅仅住一两个晚上？这些我们还不得而知。同一年的晚些时候，在日本又发现了一些更古老的棚屋基座，由上述那些火山灰上的棚屋的时间推定，这些棚屋至少已经有60万年的历史。

在乌克兰，考古学家们找到了一些尼安德特人建造的大型棚屋的痕迹。他们用动物的皮来覆盖棚屋，在毛皮的边缘用猛犸象的骨头压住，避免毛皮滑落或掀开。尼安德特人相当擅长修筑帐篷。在法国南部的尼斯附近，发现了一个洞穴，尼安德特人在洞穴入口处

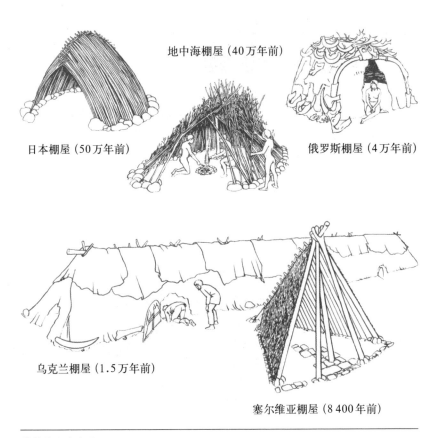

地中海棚屋（40万年前）

日本棚屋（50万年前）

俄罗斯棚屋（4万年前）

乌克兰棚屋（1.5万年前）

塞尔维亚棚屋（8 400年前）

最早的人造房屋
这幅图列出了一系列在野外的棚屋，大约有40万—50万年的历史。

又建了一个帐篷，以提供更好的御寒措施。

后来，现代人类在乌克兰的寒冷气候中狩猎，他们需要在野外建一些屋子，这些屋子不再使用动物毛皮或猛犸象骨头搭建了。这些被称为"长屋"的房子，可以达到33米长、5米宽。三个或更多的卵形棚屋共用一个简单覆盖在上面的屋顶，这个屋顶把几间屋子连接起来，使得几个家庭可以在一个屋顶下过冬。他们还可能修建一些小的棚屋用来避暑。

语言的出现

在我们大脑的左半部分，有两块区域是与语言能力有关的。布若卡氏区控制着舌头和嘴巴的肌肉，从而控制发声。韦尼克区则同时负责语言的结构和语感。

在猿类的头颅里，有一个可能类似布若卡氏区的小肿块。经过对头骨化石的研究发现，随着南方古猿、能人、直立人、智人从古到今的演化，布若卡氏区变得越

鸟类通过鸣叫来阻止其他同类进入它们的领域。猴子则可以用不同的声音传达各种内容，比如对食肉动物的警报。人类的独一无二体现于我们拥有一套非常完善的语言系统，可以表达非常复杂的意思。那么，真正的语言是什么时候出现的呢？

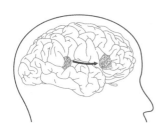

语言中心（左图）
左侧大脑有一些中枢联结在一起，可以形成在颅骨化石中也能看到的肿块。

喉结（右图）
猿类和人类不同，猿类的喉结（发声部位）处于咽喉的上方。

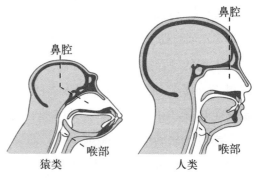

鼻腔

鼻腔

喉部

喉部

猿类

人类

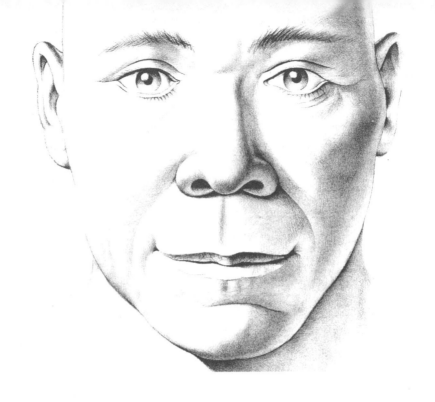

来越大。但是很可惜，我们还是没弄清楚真正的语言是什么时候产生的。

　　早期人类在相互交流的时候，可能只是通过一些简单的咕哝和手势。一种复杂的语言要出现，一个必要条件是拥有合适的嘴巴和咽喉结构。在猿类中，喉部处于咽喉中比较高的地方。猿类和我们不同，它们可以一边呼吸一边吞咽。对于现代成年人来说，喉部则处于咽喉的下部。这种结构增加了咽喉的长度，也增强了发声的灵活性。有意思的是，人类婴儿的喉部和猩猩一样，也处于咽喉上部。直到大约18个月大小的时候，才慢慢改变，而这正好是他们开始学说话的时候。

　　人类的颅骨拱起得相当厉害，而猩猩和人类婴儿的后脑则要平坦得多。那么，通过观察原始人类颅骨化石的拱起程度，我们是不是就能知道，他们拥有什么样的喉部、是否能够说话？

　　南方古猿的喉部和猿类很像。直立人的喉部位置可能要低一些，但是也还没有现代人类那么低。也许他们已经可以开始说话，只

是说的内容还没有现代语言那么丰富和复杂。智人则有一个很低的喉结，已有能力使用真正的语言了。

有些人认为制造工具的历史可能和语言的历史有关。直立人已经开始制造一些有标准样式的工具，那是不是有人用语言将制造技术告诉其他人呢？可是在很长时期内，工具的样式都没什么变化，也许当时的语言还很贫乏，所以无法将复杂的技术传授给别人。智人制作的工具要丰富许多，是不是表明他们的语言也要复杂许多？在克罗马农人生活的时期，工具的制造和艺术有过一个突然的繁荣和飞跃。有些科学家认为，直到这个时候，我们所谓的真正的语言才正式出现。这个时期离我们相当近，在距今不足 5 万年前。

史前人类的思想

在史前时期，没有任何的文字记录，没有任何所谓的历史记录。

关于早期人类的信仰和思想，我们知道多少？相对于他们几百万年的历史，目前我们所知的实在是非常非常少。只有当人类开始绘画、塑像和制作其他一些东西，且被遗留下来，我们才有可能从中了解一些、知道一点他们当时正在考虑的事情。

但从某些地方，专家们仍得到了一点线索，可以知道祖先们的一些思想和信仰。可是即使对于科学家来说，很大程度上也得依靠猜测。关于祖先们的习惯和日常生活，对我们来说，仍有许多的谜团。比如，没人知道那些小型的"维纳斯雕像"的含义。整个欧洲西部地区，甚至远至东欧的塞尔维亚，都发现过这类雕像，最早的可能有3万年之久。我们只能猜测我们的祖先非常迷信，而这些小雕像则象征着幸运和繁殖能力强，又或者是一种母神崇拜的表现。

这些时期出土的一些雕刻，可能与一年中某些特殊时段出现的动植物相关联。它们可能是某个季节的象征，也可能用来表示特殊的日子。这种猜测的直接证据很少，可也是了解古人生活的寥寥几

知 识 窗

大卫·刘易斯-威廉姆斯教授是一名南非的考古学家，他曾经提出过一个理论：在世界各地发现的许多史前洞穴画，描绘的都是梦里发生的场景，或者是作画者在被部落医生、巫师催眠的时候，恍惚中看到的景象。这一理论建立在对非洲萨恩人的观察基础上。可是，有很多科学家强烈反对这种观点。许多科学家相信，这些2万年前的人类是怎么想的，我们永远也无法真正弄清楚。

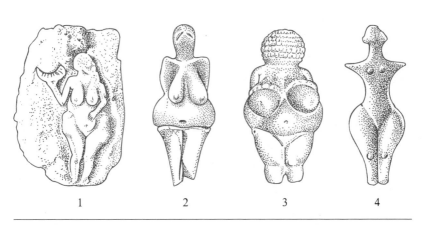

维纳斯小型雕像

在许多欧洲的史前人类居所，发现了一些用石头或象牙制作的小雕像，它们以夸张的手法表现了妇女的特征。

1. 法国　　2. 摩拉维亚　　3. 奥地利　　4. 摩拉维亚

种尝试方法之一。

　　人类向往死后的另一个世界。这种信仰已经存在了几千年。尼安德特人仔细地埋葬死者，从这个细微的举动就可以看出，他们已经有了这种想法。后来的克罗马农人则将埋葬死者的过程仪式化，有时候会陪葬一些生活中非常重要的东西，例如工具、武器、装饰品、珍宝，甚至还有让死者死后继续享用的食物。也许我们永远也无法得知是什么让古代人产生此类信仰。

服 装

　　在早期的热带生活中，人类基本上不需要穿衣服。后来，人类开始向地球上较寒冷的区域迁徙，要想挨过寒冷的夜晚，就需要在身上披裹动物的毛皮。渐渐地，人们能够用一些工具和材料来固定毛皮，衣服的雏形开始出现，甚至出现了鞋子。在第四纪大冰期的欧洲和亚洲北部地区，某类衣服已经出现并被穿着了。

　　洞穴艺术中描绘的动物图像远比人类的多，他们画在岩石上的人类画像往往都是模式化的形象，并且大都是在不需要穿很多衣服的地区发现的。因此，我们很难知道关于古代人类衣着的信息。考古学家在俄罗斯发现了一些大冰期遗留的小雕像，这些雕像显示那时候的当地人大都身着毛皮。但是我们找不到关于远古衣服的直接证据，因为它们早就已经腐烂了。另外，我们发现了很多小件的装饰物。看起来，我们人类在

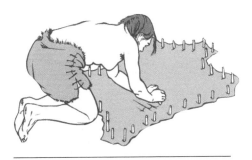

制作衣服

人们在去除黏附在毛皮上的血肉和脂肪后，用锥子在毛皮上穿孔，将筋腱制成的线从孔中穿过去，将毛皮缝制在一起。

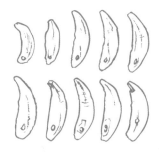

动物的牙齿（左图）

这些犬齿上被仔细地打了孔，然后可以用线穿起来成为项链。

你 知 道 吗 ？

　　即使在今天，还是有人使用树皮做衣服，他们使用的技术和几千年前我们祖先使用的技术是一样的。从树上剥下树皮，刮去外皮，只留下柔软的内层，放在水中浸泡一段时间，然后用石头或者木槌敲打，使之变薄，这样就有了布料一样的质地。

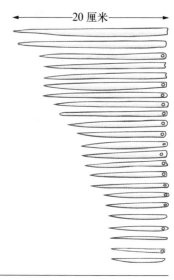

20厘米

骨针（右图）
这些骨针是用马骨切成的细条做成的,
骨针的一端都有一个小孔用于穿线。

很久以前就开始喜欢佩戴各种各样的装饰品了。

我们可以大胆想象:祖先们已经知道如何处理猎物的毛皮,例如狼、狐狸、野兔和鹿的毛皮。他们刮去毛皮上的脂肪后,将毛皮裹在身上。毛皮是一种很好的保暖衣物。在新石器时代,骨针的使用已经十分普遍。古代人类用筋腱做线,通过骨针将毛皮缝合起来,制作成衣服。

动物的皮也可以用来制作靴子,防止在外行走或者打猎的时候脚受到伤害,在冬天也可防止脚被冻伤。夏天的时候,人们将草或者芦苇系在脚上,制成临时的鞋。

很久之后,才出现了布做成的衣服。人类最开始用芦苇或者灯芯草编织席子、篮子,可能受到这一点启发,人们开始想到用编织的布来做衣服。

最早的艺术图片

西班牙北部的阿尔塔米拉洞穴壁画，是最著名的洞穴壁画之一，该洞穴在1879年被发现。而后在1940年，一群小孩子在法国西南部的多尔多涅附近，发现了一个画满了壁画的洞穴，那就是拉斯科洞穴壁画。不过，这些岩石壁画并不仅仅局限在欧洲，澳大利亚的原住民和非洲某些地区的居民，也在岩石上作画。

早在纸张和文字发明的很多年之前，我们的祖先就已经开始在洞穴的墙壁上作画，描绘大自然了。在克罗马农人2万年前的壁画中，巨鹿、长毛的犀牛、猛犸象、野马、成群的美洲野牛和欧洲野牛，都只是其中出现的一小部分动物而已。

弓箭手
这是一幅在西班牙发现的新石器时代的画，当时人类已经发明出了弓和箭。图中是一个弓箭手拉满了弓正要放箭，那只持弓的手上还握着其他三支箭。

虽然大多数的壁画都是写实主义的,仍然有些作品看起来很难理解。在法国的三兄弟洞窟中发现的一幅画,描绘的是一个半人半牡鹿的动物。这是一个穿戴着面具和特别装束的巫师,还是一种奇怪的生物?

虽然许多壁画都很精致,而且我们的祖先在绘画方面也非常有天赋,可有时候还是很难弄清楚某一群动物到底是什么种类。这是绘画时的不准确造成的,还是古代艺术家们的有意为之呢?对于这一点,在学术界还存在着很大的争论。

早期描绘动物和人物的画,通常是粗陋地雕刻在一些小东西上。从大约2万—1万年前,一些欧洲的洞穴画家开始给我们留下非常宝贵的财富。许多画的风格是比较写实主义的,忠实地表现了作者眼中大自然的形象和颜色。画家有时候会根据洞穴的形状来表现画的轮廓和格局，因此要分辨画的到底是什么动物并不难。比如说长毛的猛犸象，画得跟我们在欧亚大陆北部冻土带所发现的冻体遗骸一样大。

一般来说，关于人物的画像是非常少的。即使有，大多数也是非常模式化的。把手按在墙上，用颜料在手的周围涂抹，

保护古迹
在拉斯科，人们新建了一个洞穴，并复制了原有洞穴的壁画，来接待游客。这样就可以减少对原洞穴的破坏。

这样就留下了一个手的"阴印"。洞穴画的颜色在今天看来仍旧是不可思议的鲜艳。人们使用一些自然的泥土颜料或者木炭，将之捣碎，并和油脂混合，这样就可以得到一些深紫、黑色和阳光似的黄色，还有鲜亮的红色，等等。人们用手指或者小树枝把颜料涂抹到墙上。喷画的技巧可能是用嘴吸入颜料，然后嘟起嘴，将之喷出，或许是通过中空的植物的茎喷出。

我们不清楚他们为什么作画。其中出现的大多数动物，都是他们狩猎得到的，所以，也许这些画被用来记录他们的狩猎成就。或许，他们认为这是种召唤魔法的方式，可祈求以后的打猎能够顺利。当然，有可能这只是一种装饰。

洞穴艺术家们使用的照明设备是非常简单的油灯，往往只是在一些凹形或中空的石片上倒入动物油脂，十分简陋。因此，他们需要花很大的精力和十足的技巧来作画。依此推测，也许当时在这些幽深的洞穴中，确实进行着某种特殊的仪式。

远古人类的音乐

智人区别于其他人属生物的一个特征是他们有着丰富的文化活动，例如演奏音乐和艺术创作。不过，我们很难确切知道人类从什么时候开始制作简单的乐器。有些人认为可能是从人类能够流利说话开始的，而另一些人则认为音乐和乐器的出现要更早一点。

许多动物通过发声来进行相互之间的交流。一些啄木鸟用喙敲击树干，告诉其他同类自己的存在。猩猩有时候会重击大树巨大的根部来"说话"。毫无疑问，远古的人类也用类似的方式来进行交流，直到今天，还有很多地方用鼓来传递信息。当然这样的敲鼓并不是音乐。要创造音乐，

最早的乐器
我们的祖先用各种各样的材料来制作乐器。

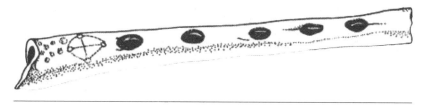

骨笛

这种笛子被用来在捕鸟的时候发出类似于鸟类的声音,以诱惑鸟类进入陷阱。另一方面,它们也被用来演奏音乐。

还需要一些不同的表达方式以及演奏某些音律的能力。

石器可以发展成为乐器吗?和用木头做成木琴一样,我们知道有些现代乐器是用石头做成的,比如石板琴。美国辛辛那提博物馆中心做过一个实验,他们从岩石上剥取下许多的燧石,制作了100种燧石工具。使这些石器相互敲击,证实了它们可以用来创造音乐。将工具的表层磨上特殊的纹样,可以使其发出特别的声音。科学家们用类似古代的石器也做了同样的实验。大多数的石器都发不出悦耳的声音,但有些是可以的。也许,它们本就是作为乐器使用的。

我们知道管乐器在很久以前便被发明了。在中国某地,曾经挖掘出30件史前时期的笛子,其中1件居然还可以用来演奏,这些风笛是9 000年以前的作品。在法国发现的骨笛甚至还要更古老一些。骨笛的一般材料是鸟的骨头。最早的笛子,是1995年在斯洛文尼亚发现的。这是一件用熊的腿骨制作而成的乐器,可惜已经断掉了,它有大约5.3万年的历史。也许当年是尼安德特人制作了这支笛子。有些人不认为尼安德特人有这样的能力,他们争辩说,是动物的撕咬造成了骨头上的孔洞。

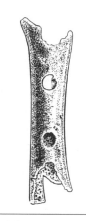

熊骨笛

这件乐器十有八九是如竖笛一样演奏。

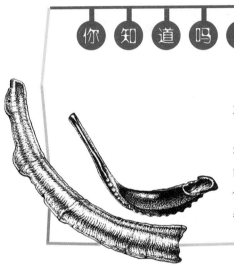

最古老的希伯来乐器是羊角号，至今在犹太人的宗教节日里，它们还经常被用来吹出非常响亮而尖锐的声音。它们的音色类似于喇叭。在整个古代社会，我们的祖先可能将动物的角用于类似的用途。

吹奏羊角号
这种乐器通常需要和另外一个吹口连接在一起才能够吹奏，可以发出两个不同的声音。

不过，看起来没有什么动物能咬出这样的痕迹。另一方面，骨头上面的孔洞，可以按照某种音阶演奏出旋律。一个科学家证明了这一点，他制作了一件复制品，并且用它完成了演奏实验。

在乌克兰的一次挖掘中，也发现了大约2万年前用长毛猛犸象骨制作的乐器。在世界各地，人们采用各种各样的方式来演奏音乐。

定居

语言的发展和完善，使得社会交往越来越容易。更大群体的成员之间可以自由交流、传递警告信息、筹划打猎的部署以及传递自己关于各种事情的想法。

在人们开始掌握生火的技巧之后，他们可以用火来烧烤、取暖或是令野兽们害怕而远离居住地。有时候，他们需要在一个地方待上一段时间，那就得保证火不会

我们大多数的近亲，比如说猿和猴子，都过着群居的生活。从原始人类开始，似乎也都是如此。不过，早期的原始人类和早期的现代人类，他们的群体规模只比一个家庭的规模稍微大一点。当人类生活变得越来越复杂，更大的群体显现出越来越多的优势，人们也更倾向于定居在一个永久的地方。

一个著名的早期永久村庄，是在塞尔维亚的勒盆斯基发现的，这个村庄靠近多瑙河。8500年前，大约有100人在这里居住。主要的建筑是一种扇形的木头棚屋。在村子的中央，是间比较大的屋子，可能是村长的住所，并且还可用于会议。大概有总共800年的时间，这个村庄一直有人居住。人们还在这个地方发现了一些神情淡然的人物头部雕刻。

迁徙中（跨页图）

如今西非的中部地区，有着一些不定居的族群，他们在森林中建造的屋子和1万年前的非永久居所的结构非常相似。

熄灭。如果这个地方非常适合打猎和获取食物，也许人们会在这里住上很久，一个部落也许会年复一年地在每个相同的季节回到这里。英国约克郡的斯达卡遗址就是这么一个地方。考古学家们认为，大约在1万年前，每年的夏初时节，都有人在这里居住，这种定期居留大约持续了300年之久。这个群体大约有20人左右，他们使用石器和用骨头、鹿角制成的枪尖以捕猎鹿和欧洲野牛。另外，他们还豢养着一群狗，也许是用它们来帮助捕猎。

在世界上许多地方，都有半永久营地存在的痕迹。大约在1万年前，大多数的人类开始转换他们的生活方式。从流浪的猎人和野生食物采集者，转变为固定村庄的定居者。在那些非常适合种植农作物的地方，例如西亚地区的新月沃土，有着大量的定居者，后来发展出了小镇，甚至是城市。

　　在每个不同的地方，人们的生活方式
都会有所不同，发展速度也会有所差异。即
使是现在，存在如东京和墨西哥城此类超过
千万人口的大都市的同时，也存在非洲南部
的纳米比亚、澳大利亚某些地区那种以打猎
和采集为生的、游荡的小群体。

看护火种

人们用石头围上一圈，避免
火势蔓延。在男性外出打
猎的时候，看护火种的任务
往往由女性来完成。

最初的农民

在大约1.3万年前的地中海东岸，人们开始用镰刀收割野生的谷类。1万年前，真正的农业开始出现，人们有意识地播种，取代了过去以打猎和采集为主的生活方式。食物的供应比先前稳定了许多，村落的生活也显得繁荣了许多。一个直接的后果是，地球上的总人口快速增长。但是，一旦由于各种因素导致农作物的收成不好，比如降水量不足或是害虫（如蝗虫）成灾，就很有可能会发生饥荒。

我们的祖先是什么时候开始种植农作物和豢养家畜的呢？最初的农作物又是什么？哪种家畜是养得最多的？

气候的变化有着重要的影响，西亚地区变得比以前要湿润一些，从一个半沙漠化地区变成了林木稀疏的大草原。那些野草结出一些能够食用的谷粒状果实，为人们提供了充足的食物。一个考古学家曾试着收割这种现代小麦的古老祖先。和9 000年前第一次"收获"季节人们所用的工具相似，他用了一把燧石镰刀来工作，1个小时大约能够收集3千克谷粒。在3个星期的时间里，他收获了一个家庭一年所需的粮食量。再后来，人们懂得播种能得到更好的作物，农业逐渐成为基本的生活方式。

我们所知的最早的真正的农民发现于新月沃土地带——一个在埃及和波斯湾之间的区域。那里种植着小麦、大麦和小扁豆等作物。后来，在大约7 000年前，中国的农民们开始种植其他的农作物，包括水稻和大豆等。5 000年前的中美洲地区，开始出现玉米、豆类和南瓜的种植。

收获小麦

早期的农民用镰刀收割小麦（左图和右图1），把麦穗敲下来（右图2），然后用扬谷的方式，把麦粒和不想要的麦秆分开（右图3）。用重物捣麦粒，使得里面的颗粒从麦壳中分离出来（右图4）。这些麦粒可以用来做麦片粥那样的食物，或是捣成面粉，用来做成面包。

你 知 道 吗 ?

在采集食物慢慢转变成种植农业之后,打猎也开始转变为动物的豢养。大约8 500年前,人们开始豢养成群的牛、绵羊和山羊,将它们的肉作为食物,毛皮则用来做衣服。这些动物以一些人类难以下咽的植物为食。猪是一种非常不错的食腐动物,另外还给人类提供了肉类食物,和它们的祖先——野猪相差其实不多。有选择的驯养,使得后来的家畜能够提供更多的肉、奶以及农民所需的毛料。这种豢养的方式,最早大概是在西亚开始的,后来世界上其他地区的人们也开始驯养动物,包括骆驼和南美洲的羊驼。

谷物的收割(左图)
下图中有齿的燧石镰刀是在北非发现的。

现代家畜的野生祖先(下图)
图中的四种动物是现在世界上大多数家畜的祖先:
1. 欧洲野牛,大约在8 500年前被豢养,它们凶猛、角长。
2. 野山羊,大约在1万年前被豢养,有着一对向后弯曲的角。
3. 野绵羊,大约在1.1万年前被豢养,有着一对长角。
4. 野猪,大约9000年前被豢养,有着一对獠牙,全身刚毛,吻部很长。

1   2   3   4

葬礼

自尼安德特人以来，埋葬死者成为人类社会一种常见的行为，通常还伴随着一些仪式。随着社会越来越复杂，等级制度开始慢慢出现，那些地位比较高的人的葬礼显得尤为重要和正式。

尼安德特人是我们所知的最早系统地埋葬死者的人类。我们发现了许多洞穴，他们在那里面挖了许多坑来埋葬尸体。

西安兵马俑
这幅图中显示的只是一个巨大陶塑军队的一部分，他们需要在秦始皇死后继续担任护卫的职责。

遥远的过去

人们通常认为英国的巨石阵是在古时用来举行某些宗教仪式的。这些石柱排列得非常仔细、有规则，标出了一年中最重要

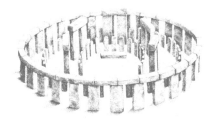

的一些日子。有些石柱重达 25 吨，有些可能是从威尔士运过来的。它们是怎么从那里运过来的呢？这实在是令人迷惑。

他们的坟墓上可能会出现一些特殊的结构，例如石板或者一个巨大的土包。在一些古代文明中，这一点可能更明显。比如古埃及，法老的坟墓极为重要，通常会耗费好多年来修建，而且会在其中陪葬许多珍宝。在中国，皇帝们的葬礼也非常隆重，有时候会陪葬一些死后"生活"的必需品，甚至包括如在中国陕西临潼发现的上千个强壮的兵马俑，也许是用来在皇帝死后护卫他的。2002年上半年，在英国神秘的巨石阵附近进行了一些挖掘工作，发现了一个极不寻常的青铜时代的葬坑。这个坟墓大约是在公元前2300年左右修建的，里面埋葬了一具男性骸骨。当时，一个学校本将在此地修建，发现遗迹后，考古学家马上被召集来对此进行鉴定。这是个古罗马时期遗留下来的葬坑。在骸骨的边上，有很多非常珍贵的青铜时代的物品，显然墓主人相信这些东西在他死后能够继续保护他的安全。

很奇怪的是，这个坟墓并没有一个隆起的土包。不过也许是因

尼安德特人的葬坑（右图）
这是一个大约6万年前人类的葬坑。看起来他的葬礼是在一种受人尊敬的仪式中完成的。

耳环（左图）
在巨石阵附近的一次非常仔细的挖掘中，发现了4 300年前的陪葬品，其中包括这些耳环。这样的陪葬品表明死者生前的地位相当高。

为这个区域的农业相当发达，经常被耕犁的缘故吧。考古学家总共发现了大约100件陪葬品，包括一个腰带的扣子、箭头、骨质钉子、用于屠宰动物的工具、铜质的刀刃和喝水的容器等。还有两个非常漂亮的金耳环，看起来是绕着耳垂戴的，而不是像通常那样挂在耳垂上。这些陪葬品表明墓主人生前是一个非常有权势和影响力的人，也许是一个国王或酋长吧。

早期的文字

书写文字似乎都源自象形文字，这是一种关于物体和动物模式化的图像。有时候，它们可以连在一起成为一个单词，或者一个故事，或者是一种特殊的指代。发展到后来，这些图像也可以用来表

可书写文字的出现通常被认为是史前时期结束的标志，同时，真正的文明开始了。文字书写的记录最早在5 000年前才出现，这时候文字刚刚被发明。文字的历史对于整个人类历史来说，只是非常小的一段。看起来，文字至少在三个时间和地方开始出现：西亚、中国和美洲中部。

达一些声音，从发出该声音的物体的名称衍生出来。随着发展，这些小图像变得越来越抽象化，很难再看出原先所描绘的物体，这时候它们代表的往往是一种声音、一个音节或者一个词的一部分。有些现代语言是以这样的方式书写的，比如日语，就是用一些符号来表示各种音节。

某些语言可能有更多表音部分，无法只是通过音节符号来表情达意，最终发展出字母表，然后用字母的组合来造词，进而表达各种意思。比如采用拉丁字母的英语和采用西里尔字母的俄语就都是这样的语言。

在5 000年前的美索不达米亚（现在的伊拉克地区），闪米特人发明了一种图形文字。当时的一个文职人员必须记住大约2 000种图形的含义。这是一个相当大的工程，因此他们后来简化了这种文字系统。他们用芦苇做成的笔把信息雕刻在湿的黏土片上，然后烘

撒哈拉以南的非洲岩石艺术
在西非，这种岩石艺术最突出的遗迹在塞内加尔和尼日利亚之间的撒哈拉南部地区。这幅图描绘了如今马里的一个使团。

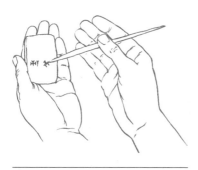

楔形文字
用一支芦苇笔在柔软的黏土片上刻楔形的字符。

交易过程中使用的工具
一个专业的书记员（右）在他的工作中使用着一支笔（左）、调色板（上方中央）和水罐（下方中央）。

干，这样就完成了一个永久性记录。这种文字称为楔形文字，因为大多数的字看起来都是楔形的。

古埃及人则使用一种象形文字系统。初始的象形文字非常复杂，通常写在墓穴或者建筑的墙壁上。后来，象形文字简化了很多，在日常生活中得到了普遍的应用，可以书写在莎草纸上，这种简化的文字通常为僧侣们所使用。再后来，它又被更为简单的版本所取代了，那就是古埃及的通俗文字。

在古埃及灭亡之后，不再有人懂得其象形文字和通俗文字。直到1799年，罗赛塔石碑在尼罗河口附近被发现，人们才又一次开始研究这两种文字。这块玄武岩的石头高90厘米、宽60厘米、厚28厘米，上面有14行象形文字和32行古埃及通俗文字以及54行古典拉丁文。对照拉丁文，人们开始一个个地辨识其他两种文字。

大约 3 500 年前的古希腊使用一种称为线形文字B的字符系统。1953年，这种文字第一次被破译。刻有这些文字的那块土片提供了西方文明中最早可读、可写的文字的实证。

在美索不达米亚地区，一些文明从象形文字的基础上发展出各自不同的书写文字系统。在中国，文字大约在 3 600 年前出现。

第5章

- - - - - -

漫长的
进化时代

大冰期

难以置信的是，我们现在正在忧虑全球变暖现象。但也许我们只是处在两个冰川活动期中间。我们所处的这个相对温暖的时期，称为间冰期。

在地球的历史上，大冰期出现过好多次。有证据表明，在人约7亿年前、4.4亿年前、2.9亿年前都出现过大冰期。唯一一次影响到人类的大冰期是最近的第四纪大冰期。这次大冰期的影响持续了大约200万年之久。在此期间，地球在两种气候下来回变化了好几次：极度寒冷期和相对温暖的交替期。

在冰川运动最盛的时候，在如今的北美洲、欧洲和亚洲北部地

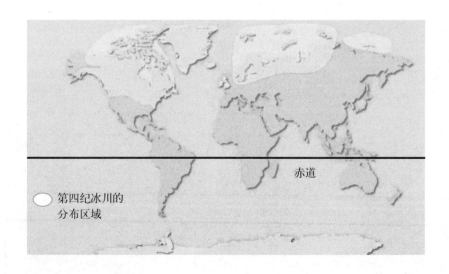

赤道

第四纪冰川的分布区域

区,都覆盖着厚达几千米的冰层。由于有那么多的水都结成了冰,本来是浅海的地方很多都成了陆桥。动物们和我们的祖先可以通过陆桥迁徙到另一个地方。上一次主要的冰川活动期大约从7万年前开始,一直持续到约1.2万年前,其间的强度不停地变化着。

　　没人知道这些巨大的气候变化是怎么出现的。1913年,塞尔维亚科学家米卢廷·米兰科维奇认为这些变化和地球倾角每2.2万年

猛犸象

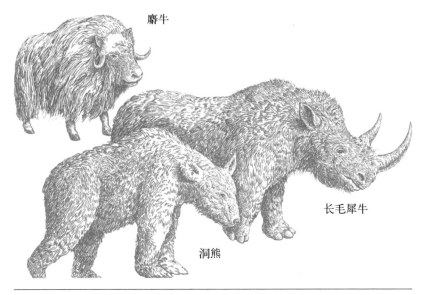

麝牛

长毛犀牛

洞熊

大冰期的哺乳动物

现已灭绝的长毛犀牛曾大片地生活在欧洲和亚洲北部地区。而另一种已经灭绝的动物——洞熊,曾经生活在大冰期的欧洲。当时的麝牛则分布在欧洲、北亚以及美洲地区,而现在我们只能在北美洲的冻土带发现它们的遗骸了。

的变化周期相关,这会影响到极地地区的阳光照射量以及全球的冬季寒冷程度。其他的一些因素,包括洋流的周期性变化,在其中可能也扮演了重要的角色。

在冰川活动严重的时候,地球上的气候带也有所移动。寒冷的气候使得冻土地带(一种坚硬的、冰冻住的泥土地带,上面没有树木生长)向南扩展,一直进入到欧洲和美洲。在那里,生活着一些现在已经灭绝的动物,如长毛犀牛和猛犸象,还有麝牛。如今,麝牛在很少的几个地方还能寻觅到踪迹。撒哈拉地区在当时相当湿润,而真正的热带雨林则消失了。在气候带来回移动的时候,动物和植物们也只能跟着不停地迁徙。有时候可能在迁徙的途中遇到障碍,比如山脉和海洋。有些生物的灭绝和现在动植物分布的情况,也许可以用这种被迫的迁徙来解释。

我们人类演化的最近一个阶段就是在大冰期这样的背景中发生的。尼安德特人生活在欧洲的寒冷天气里以及其他一些相对温暖的区域，而克罗马农人则令人震惊地在更北的地方生活着，进行着他们的狩猎活动。那里几乎是大冰期中条件最恶劣的地区。

石器时代

石器时代的第一部分通常被称为"旧石器时代"。从能人使用的简陋石块，发展到直立人使用的阿舍利手斧和其他工具，再到尼安德特人制作的石片工具以及克罗马农人的刀和箭镞……这一时期被统称为旧石器时代。实际被用做工具的石头可能在各地都不是同一种。在非洲，早期的工具通常用石英石和火成岩制成。燧石、水晶和火山玻璃在当时是制作工具非常流行的几种原材料。它们的质地相当坚硬，一旦断裂，可能

在金属被发现和广泛使用之前的历史阶段叫做石器时代。这段时期所制作的、我们现在能发现的所有工具和武器，也确实都是石料质地。虽然木头和其他材料可能也被用来制造这些东西，可都已经腐烂掉了。在非洲，石器时代于约200万年前开始；不过在美洲，它随着第一批居民的出现就开始了。在世界上某些地区，石器时代一直持续到大约6 000年前；而在少数几个地方，石器时代一直延续到现代。澳大利亚的原住民和美洲土著民族，都仍能运用这些古老的石器制作手艺。

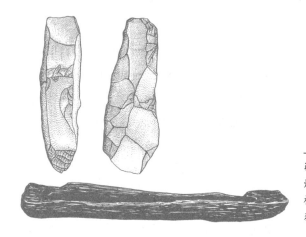

独木舟的制造
燧石刀（上图）用来将一根坚实的木头挖成一条独木舟（下图）。

会产生带有锋利边缘的碎块，用来制作工具确实很不错。

科学家们把大约 10 000—5 000 年前的欧洲归于中石器时代，这时候的人类主要还是以打猎和采集为生。这个时期出现了一些新的石器种类，例如用于砍树的斧子。木头除了用来生火之外，还用来制作独木舟、桨，甚至是初具雏形的雪橇和滑板，使得人们能够在雪地或沼泽地上滑行。

进入新石器时代的时间与人类开始定居并进行耕作的时间基本相符，新石器时代的石器特征是以磨制石器为主要工具。

用石头来工作
一些澳大利亚原住民保留着用石头制造工具的手艺。图中的这个男人把一块石头靠在自己的脚跟上，并用另一个石锤敲击。

遥 远 的 过 去

　　可能是处在石器时代后期的祖先们发明了弓和箭，使得他们能够远距离打猎。用一根纤细的木条，使其从中间往两端逐渐变细，然后将木条弯曲成弧形，用一根稍微短些的线系住两端。这样，一把最简单的弓就做成了。箭镞通常也是非常简单的，只是用磨得锋利的燧石制成。我们发现过大约1万年前的弓箭。而岩壁上的画，表明它们在此之前的几千年就已经开始被使用了。

青铜时代

大约9 000年前,人类已经开始不断用金属进行试验,试图用铜制作小件的物品。而在5 000年前,人类已经学会在炉子中混杂不同的金属进行冶炼,九份铜加上一份锡,这样就能制出我们所谓的青铜。这样不同的金属的熔合物称为合金。比起铜、锡等纯金属,合金的硬度要高得多。青铜可以被制成各种形状:武器的制作(匕首),还有工具、装饰品的制作,都越来越普遍。一个新的时代开始了。

在世界上的不同地区和文化中,青铜时代开始的时间也各自不同。各地的人们可能各自独立地发现了获取金属的方法。在欧洲,青铜时代是其古代文明中最为辉煌的时期之一,代表了一系列的伟大变革,不仅在人类的生活中,也包括合金技术的发展。当青铜时代人类的定居点被挖掘出来的时候,往往可以发现保存得非常完整的金属制品,包括日常用品等。至今为止,我们已经得到了上千件这个时期的金属物品。

与在欧洲和西亚一样,青铜在古埃及和中国都被大量地制造和使用。当时的技术已经相当完善,工匠们可以用金属来制造一些大件的物品,比如庙宇、宫殿的大门以及很多小的物品,从枪尖到烹饪用的锅。可是铜的制取还是太昂贵了,因而通常只是用来做一些很特别的东西。大多数的农业用具还是木头或者石头制造的。

在自然界发现纯铜是一件很不容易的事情,而铜矿石的分布

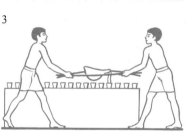

照看炉火（右图）

一个非洲人正在用风箱往冶炼炉中吹入空气，借此提高炉中的温度。尽管非洲并不存在所谓的"青铜时代"，但其中的一些区域，比如西非的贝宁，从14—19世纪至今，仍保留冶炼青铜的传统。

古代的青铜铸造（左图）

工人们不断地用木炭燃烧炉子，保持炉内的高温（图1）；然后，他们把青铜放入正在加热的坩埚中，使之熔化（图2）；最后，将之倒入一个模具。冷却之后，就得到了一扇青铜的门（图3）。

制作青铜工具（下图）

从古代埃及到中世纪的欧洲，人们一直使用类似的工艺来熔炼和铸造青铜工具。

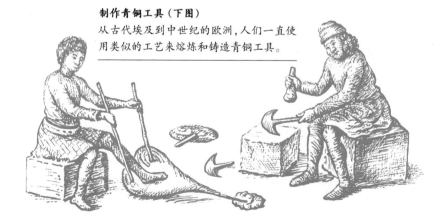

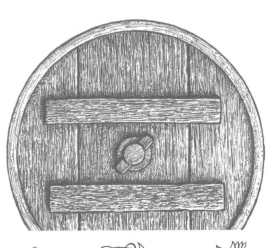

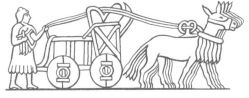

轮子（左图）

在5 000年前，闪米特人就发明了带轮子的战车和货车。早期的轮子由几个部分装配在一起，其边框用金属包起来。

青铜器物（右图）

右上图显示的是欧洲青铜时代的一把剑和一支矛，右下图则是中国3 000年前用于烹饪的鼎。

大概3 000年前，人们开始用锌取代锡，把锌和铜熔炼在一起，制成黄铜。

非常广泛。铜矿石是指那些混杂有铜和其他金属物质的石头。铜的产量取决于人们制取铜的工艺水平。首先，人们得找到那些含有铜的矿石，在炉中加热到将近800℃，这样才能提炼出铜水，再把这些液态铜倒入一个模具中。接下来，就能趁热把铜打制成各种形状。如果要制造青铜器，除了铜矿石，还需要找到锡矿石，把锡和铜按比例混合熔炼。

　　青铜时代是一个伟大的改革时代。在这个时代，牛第一次被用于农耕，它们被套上农具，在农田里为人们工作。用陶土制成的轮子也被发明了，最迟在5 500年前，轮子被用在了交通运输中。

铁器时代

　　铁矿需要加热到非常高的温度——1 535℃，其中的铁才能熔化。早期的炉子不可能稳定地维持这样的高温，所以熔出的铁常含有较多的杂质，铁匠们需要用铁锤不断敲打，才能把杂质分离，最后制成各种各样的工具和武器。在敲

　　比起铜，铁是非常普遍的金属。但只有在很高的温度下，铁才能从铁矿石中被提炼出来。尽管如此，大约3 500年前，人类已经知道如何熔炼铁矿。目前为止，就我们所知，土耳其的赫梯人是最早炼铁的民族。

打之后，把铁放入水中冷却，可使其硬度变得更大。木炭燃料中含有的碳元素也能使铁变得更加坚硬，可以成功地把铁铸造成钢。

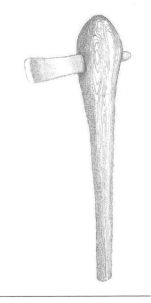

铁不但远比铜常见，而且它的硬度也要高得多。只要一个地区含有铁矿，铁就会成为制作武器和工具的主要金属材料。纯铜和青铜此时也未被淘汰，在制作装饰品中仍有巨大用途。

大约2 500年前，亚洲的大部分地区、北非和欧洲正好处在铁器时代。在中国，人们发明了一种温度很高的炉子可以把纯铁熔化，用来铸造各种物品。

在非洲撒哈拉沙漠的南部，并没有所谓的青铜时代，当地文化由石器时代直接进入铁器时代。在那里发现的最早的炉子是在将近3 000年前的尼日利亚。这开创了非洲铁器工艺的历史传统，铁矿石和铁器都可以通过贸易传送到远方。正因为如此，人们的社会分工更加专业化，出现了专门的矿工、熔

山上的城堡
围有很高的城墙作为壁垒，这是铁器时代英格兰的典型特征。而为了加强对城堡的保护，在城墙顶上还装有木栅栏。保卫者们使用铁矛和铁斧作为武器。

炼工和铁匠。在铁器时代的生产过程中，非洲人在炼铁时混杂了许多碳，所以和钢的组成非常相似。在19世纪，非洲铁器的质量常常高于由欧洲进口的铁制品。

熔炼（左图）
人们把铁矿石放入黏土炉子中进行熔炼。风箱用来把空气鼓入冶炼炉中，提高炉火温度。

把金属敲打成形（右图）
两个非洲男人正在用传统的方法制造铁矛。

知 识 窗

　　19世纪的丹麦科学家们首次对史前时代进行了分期：石器时代、青铜时代、铁器时代。这种分类方法在欧洲更为适用，但在其他地区效果不佳。在同一时段的世界各地，这些"时代"的进程各不相同。在英格兰，铁器时代大约从公元前750年一直延续到了19世纪。

第6章

纵观全球

远古的非洲

虽然查尔斯·达尔文在很早的时候就猜测我们人类可能起源于非洲，许多科学家却始终坚持起源地存在于各自的大陆，而非一个共同的祖先。后来，略易斯·李基与他的家人，包括妻子玛丽、儿子理查德、儿媳梅芙以及其他一些人，证明了"多源论"是错误的。

查尔斯·达尔文

在李基一家那些令人振奋的伟大发现中，其中一项荣誉为玛丽·李基所拥有，这也是她一生中最大的成就。在1976年，她偶然发现了一串由3个原始人类留下的足迹，印在坦桑尼亚莱托里附近湿润的火山灰上。它们是在一次由美国《国家地理》杂志资助的探险中被发现的。这些足迹显示，在375万年前，有一个个子矮小的原始人从地上走过，他大约有1.5米高；而另一个更矮小一些的人，可能是女性，在他后面或者稍晚些，沿着他的足迹前行；再后面，有一个更小的人，大概是小孩，在他们的足迹边上跳跃着走。这是在非洲发现的最早的人类直立行走的证据，时间大约比以前的观点早上50万年。

"莱托里"这个词在当地马赛人的语言中是一种特殊的红百合的意思。在那里，我们已经发现过很多其他原始

莱托里足迹（右图）

1. 在新落下的火山灰上留下的原始足迹。
2. 这个脚印的轮廓。
3. 在这个轮廓里，与现代人的脚印留下的深浅位置相当接近。

1

2

莱托里的行人（下图）

在坦桑尼亚莱托里发现的足迹通常被认为是阿法南方古猿留下的。这些行人是用两脚走路的，他们的大脚趾与其他脚趾基本平行生长。

3

遥远的过去

在莱托里发现的足迹给我们提供了一些关于留下足迹的人的信息，包括他们的身高和步长。在这串足迹的某一点，留下主要足迹的两个人中个子比较小的那个停住了，左转过去向后看，可能是确认一下后面跟着的人是否安全，或者看看后面是否有什么危险，然后再转回来向北继续行走。

人类的遗迹，例如牙齿、下颚、肋骨、颅骨和腿骨等。不过原始人类的足迹还是第一次被发现。

远古的亚洲

荷兰科学家欧仁·杜布瓦在19世纪末提出，东南亚可能能够发现一些早期原始人类的遗迹。当时，他遭到了学术界的嘲笑。可是后来，我们知道他是完全正确的。我们得感谢他发现了爪哇人的遗迹，这些印度尼西亚的遗迹属于直立人。在亚洲的其他地区也发现了其他人种。在亚洲，我们还发现了早期的现代人——智人。

亚洲最古老的直立人是在爪哇岛发现的。后来，在中国的北京附近发现了另一人种，他们大约有36万年的历史，拥有比最早的人类大一些的大脑。通常，我们叫他们"北京人"。

后来，又在中国的其他地区发现了一些人类头骨，表明了早

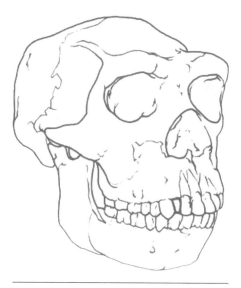

夸夫泽人（以色列）

尼亚人

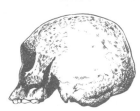
瓦加克人

爪哇人4号（右图）
这个大约有100万年历史的直立人头骨是在
爪哇岛发现的。

在10万年前，当时的人类就已经和现代的当地
人非常相似：宽宽的颧骨已经形成。实际上，
在亚洲12个被发现的遗迹显示：早在大约10
万—5万年前，就已经出现了和现代人类很相
似的人种。

　　在东亚，没有发现任何关于尼安德特人的
遗迹。在中国广西壮族自治区的柳江发现的一
个遗迹是大约2万年前的。通过解剖学上的对
比，我们发现他们的头骨与当地的现代人几乎
一模一样。这些证据显示，我们现在所看到的

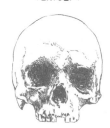
柳江人

亚洲的直立人（左图）
上四幅图中显示的是在亚洲发现的
与现代人非常接近的人种颅骨。

当代东亚人

几世纪以来，某些原始人类骨头和牙齿的化石以及其他一些动物的化石被挖掘出来，碾成粉末，用于制作治疗各种各样疾病的药物。科学家们认为，可能有很多非常有价值的化石就这样消失了。

太平洋

印度洋

他们生活在什么地方呢？
地图中标明了12个人类遗迹，他们生存的年代大约在距今10万—5万年间。

东亚人的身体特征——黑色直发、内眦赘皮、相对光滑的皮肤以及宽颧骨——都可能和当时的人类是一样的。

古代欧洲人

我们现在对欧洲的人类演化还没有一个很直观的概念。我们发现的很多遗迹中的大多数都是非常破碎的，只有一些是非常细小的古代人类的遗物。在欧洲，自有人类开始居住，自然环境有过多次剧烈的变化，人们不得不改变自身来适应环境。在南欧，曾经有大量的驯鹿分布，而在其他地区，人类可能遭遇非常多的狮子和河马。

欧洲的早期人类研究开展得要比其他地方早许多。早期的"欧洲人"和他们的人工制品都种类繁多。也许有人会认为，这里的人类演化脉络会是非常直接而清晰的，事实并非如此。

可能有3种人类曾经在欧洲出现过：留下了一些梨形手斧的直立人、尼安德特人和现代智人。一些化石可以被认为属于过渡期的人类。例如，在英格兰的伦敦附近发现的一种化石，属于大约25万年前的"斯旺斯柯姆人"。其中包括可能是一个女人的头盖骨，她的一些特征有些古老，但和现代人类还是比较相像的。有些人认为她属于现代智人，而另一些人则更看重她与尼安德特人的相似之处。

复原头骨（左图）
解剖学家在一块软的黏土人脑模型上排列骨头碎片，试图复原出颅骨的原貌。

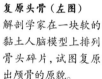

被挖掘出的葬坑（右图）
考古学家正在刷去两具骸骨上的尘土，这个过程必须要小心翼翼地进行，以避免损坏骸骨。

洞穴挖掘

仔细地测量，小心谨慎地挖掘，最大限度地保护极有价值的石灰石坑中的裂隙。

> 我们甚至都不清楚尼安德特人是什么时候消失的。过去人们认为这个时间在大约3.5万年前,可是近期在检测克罗地亚出土的尼安德特人骨骸时发现,这个时间点在大约2.8万年前。我们可以肯定,那时候已经有现代人类在附近存在。葡萄牙的人骨标本表明,大约在2.5万年前,那里仍然有尼安德特人或是尼安德特人与现代人类的混血人种存在。

这种人类与狮子、大象、犀牛并存于当时的自然环境中。斯旺斯柯姆人的大脑大小与我们相当。在德国的施泰因海姆,发现了一个大约有30万年历史的颅骨,它要比我们的颅骨稍微小一点。尽管他们的下颌骨很像海德堡人,不过仍然可以归类到尼安德特人或者早期智人中去。

尼安德特人仍然是非常神秘的。他们与我们的关系到底有多近? DNA检测表明,他们骨头中的基因与我们的相差很大,因而不太可能是我们的祖先,但有可能是另一个分支。可也有些化石的特征,介于尼安德特人与现代人类之间。到底是不是尼安德特人繁衍出了现代人类呢? 或者他们与其他人种杂交,而得到了一些混合的特征? 还有许多的谜团等待着我们去发现,在我们面前还存在许多等待着被证实的可能性。

迁往美洲

北美洲和南美洲最早的居民，是在大冰期时从亚洲迁徙过去的。

在距今3.5万—1.5万年前，早期人类通过几次大迁徙，从西伯利亚去往阿拉斯加。越过现在已经成为白令海峡的陆桥，他们继续向南走。当时的山上都覆盖着冰川，比如落基山脉，很难直接越过，所以他们可能是沿着一些特殊的通道穿越的。他们开始迁移到了整个大平原地带，有的继续向南迁移，进入中美洲和南美洲、进入巴塔哥尼亚地区，最后到达大陆的最南端——火地群岛。有专家计算了一下，如果有一个以打猎为生的群体从白令海峡往南走，每周迁移约5千米，他们只需要70年就可以到达南美洲的最南端。当然在此期间，会有几代新生血液诞生。在合适的条件下，可能只需要几代人，就能从一个很小的狩猎部落发展到几千人的规模。

人工制品

典型的物品包括：固定在矛柄上的一个石质枪尖（上图），它有大约1.2万年的历史；一个用于刮去动物毛皮、油脂的骨制刮器（下图），它有一个锯齿端，只有1800年的历史。

由于他们的祖先是从亚洲迁徙过来的，他们拥有与东亚人类似的生理特征，比如头发直而黑、黑眼珠、宽颧骨以及铲形门牙。如今一些住在南美洲最南部的居民拥有与中国人非常相似的面部特征。

对于这些人是什么时候到达美洲的，人们还有相当多的分歧。一

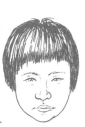

美洲土著居民

图中是一个因纽特人（左图），一个达科他印第安人（中图）以及一个来自南美洲火地群岛的孩子（右图）。

前哥伦布时期美洲人的生活

我们可以从中知道美洲的不同地区其居民生活方式各异：

1. 以狩猎和捕鱼为主；
2. 农耕与狩猎并存；
3. 采集野果与打猎并存；
4. 墨西哥文明；
5. 奥尔梅克文明；
6. 玛雅文化；
7. 印加帝国。

有时候，人们会认为海盗和一些探险者（包括约翰·卡博特、克里斯托弗·哥伦布和胡安·庞塞·德莱昂）"发现"了美洲。实际上，他们并不是最先到达美洲的人，只是在那里，他们第一次遇到了已经定居几千年的当地土著居民。

前哥伦布时期的一些物品
这些物品包括（从上到下，从左到右）：
一个因纽特人的象牙雕刻；
西北海岸印第安人制作的一个勺柄；
大平原印第安人的狗拉雪橇；
东部林区一个桦树皮做的盒子；
美国亚利桑那州发现的一个罐子；
奥尔梅克人的头部雕像；
玛雅人制作的一个玉米之神的画像。
最后一张图则是印加人的黄金骆驼。

个最近在美国加利福尼亚州发现的"德玛人"头骨，一开始认为头骨主人生活于4.8万年前，后来则认为只是大约1.2万年前的遗骸。这也给认为人类并没有那么早到达美洲的理论提供了些支持。

人头像罐

这是在秘鲁北部海岸发现的公元前200—公元600年间莫西干文明的作品。

在阿拉斯加育空地区的旧克罗盆地发现的物品中包括一个1 800年前用于刮除动物毛皮、油脂的刮器和在智利发现的约1.25万年前的一些遗迹，表明智人是在这段时间内到达美洲的。凭借墨西哥和阿拉斯加发现的一些非常独特的石质枪尖，我们可以肯定的是，现代美洲人的祖先已经在那个时候到达了这里。

远古的澳大利亚

古人类学家通过遗迹中的化石和工具发现：至少在6万年前，甚至是更早，在澳大利亚就已经有人类居住了。第一批居民是从东南亚乘坐着筏

英国探险家詹姆斯·库克，是18世纪"发现"澳大利亚的那支探险队的队长。实际上，在那次"发现"之前，人们已经在这个地方居住了几千年。

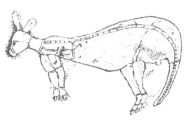

　　澳大利亚原住民的岩石艺术有着悠久的历史传统,有些可能比那些著名的法国和西班牙洞穴画还要久远。原住民的风俗和传统,引发了人们很大的兴趣,同时它们对于其他地区石器时代的研究也有很大的启发。

子和独木舟过来的。当时的海平面要比现在低很多,因此很多现在的岛屿在那时候是连接在一起的,所以他们需要走过的海路并不算太多。

　　并非所有的后来者,都与如今澳大利亚的土著人长得很像。许多3万年前的骨骼化石表明,当时的人体重较轻,可能和现在中国南方的人们长得比较像。而后来发现的一些骨骼,则和现在澳大利亚的原住民更像了。

　　直到最近,澳大利亚的许多原住民还生活在一种未开化的文明中,这种状态和石器时代非常相似。尽管很多原住民部落群居在一个他们非常熟悉的地域中,也有另一些人过着一种半游牧的生活。随着季节改变,能够充当食物的动植物都会增增减减,所以他们也不得不随之迁徙。他们用矛和"飞去来器"打猎,穿的衣服很少,但会在身上涂画各种装饰性的图案。另一方面,他们也能很好地适应现代环境。他们能够辨识出很多种野外的食物源,知道在哪里能够找到它们。这些足以让所谓"文明"的现代人感到羞愧。

现代气象学家也认为：很多时候借鉴原住民对于季节和气候的表征知识的理解，能够对现代气象科学的发展有很大的帮助。

澳大利亚的原住民们似乎从来都不用弓和箭。也许"飞去来器"和飞矛已经足够对付那些可食用的野生动物了，例如袋鼠。并非所有的原住民都是生活在旷野中的，有些群体则居住在北部的雨林内。

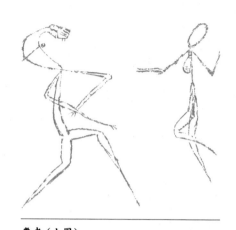

舞者（上图）
图中显示的是在澳大利亚北部发现的岩石上的人类画像。

猎人们（下图）
原住民打猎时使用矛和一种弯曲的木片——"飞去来器"通常只是用来直接投掷到猎物身上，无法自动回到投掷者手中。

第7章

考古发现的
故事

著名的化石发现者

雷蒙德·达特是20世纪最著名和最有争议的化石学家之一。他出生在澳大利亚，他的主要学术成就都是在非洲南部完成的。

1924年，雷蒙德·达特在南非金伯利附近名叫塔翁的地方发现了一个小的颅骨。由于这个颅骨非常小，实际年龄在4—6岁之间，我们称它为"塔翁婴儿"。它的大脑容量与一只猩猩相当。不过，它的许多特征很明显是属于人类的，特别是脸和牙齿的形状。另外，关于颅骨的研究也表明，它是靠双足行走的，而非四肢着地。

达特认为这个颅骨有着200万年的历史，不过其他一些科学家对此表示怀疑。让达特如此有自信

卡莫亚·基穆
他与李基一家一起工作。李基一家是非常有名的考古学世家，他们拥有英国与肯尼亚血统。卡莫亚·基穆擅长发掘那些非常细小的化石碎片。1984年，他在东非肯尼亚的图尔卡纳湖附近发现了一具有150万年之久的骨骼化石。

化石发现者

　　许多人在早期人类知识库的建立中，做出了重大的贡献，这里是其中的几位：

1．雅克·布歇·德·彼尔特
他在法国发现了手斧，并且指出了人类有一段很长的史前时期。

2．约翰·劳埃德·史蒂芬斯
他是中美洲地区考古的先驱。

3．奥古斯塔斯·皮特-里弗斯
他建立了现代考古学的技术框架。

4．欧仁·杜布瓦
他发现了直立人。

5．罗伯特·布鲁姆
他发现了包括非洲南方古猿在内的一些南方古猿遗迹。

6．弗郎茨·魏登莱希
他完成了北京人的遗骸复原工作。

7．孔尼华
他在爪哇发现了直立人。

8．路易斯·李基
他在东非发现了早期人类的化石。

9．玛丽·李基
她发现了鲍氏南方古猿，另外在一次探险中还发现了著名的莱托里足迹。

10．唐纳德·约翰森
他发现了阿法南方古猿——露西。

你 知 道 吗 ?

雷蒙德·达特的发现在当代被认为对人类演化的研究有着革命性的影响。实际上，他关于塔翁头骨的研究表明：人类在开始拥有一个较大的脑袋之前，就开始用双足行走了。

的一个原因是查尔斯·达尔文在19世纪出版的一本书。在《人类的由来》这本书里，达尔文相信人类应该起源于非洲。

雷蒙德·达特在当时备受指责的一个原因是他创造了一个词：南方古猿（Australopithecus）。这个词混合了拉丁文和希腊文，这在当时被认为是不恰当的造词。

一场大骗局

1912年，伦敦的大英博物馆地理部向那些兴奋的观众宣布，将在近期展示一个大英帝国甚至可能是整个欧洲的最早居民的头骨化石。这个化石，是在英国萨塞克斯郡的皮尔当发现的，可能是几十万年前的遗物。它由律师查尔斯·道森发现，他平时喜欢收集化石。因而这个新的人种，以他的名字来命名。

从一开始，就有人怀疑整件事情的真实性，甚至有些人认为这个头骨可能是一件伪造品。可是这个遗物看起来很符合当时一个十分流行的理论：大脑容量的变化，出现在人类面部开始变化之前。皮尔当人的面部，看起来和猿类很像，但是脑部至少有任何已知猿类的两倍那么大。

想象一下，这是一件多么令人兴奋的事情！在一百多年前，古人类学家们认为他们取得了重大进展，得到了在人类和猿类之间丢失的那一段进化历程。可惜，所有的事情并不是他们所期望的那样。

在很长的一段时间里，这个遗址被关闭着，因而科学家们很难对其进行研究，他们只能看一下那些复制出来的塑胶模型。最终，那些持怀疑态度的人被允许进入遗址进行观察。他们用了一种非常有效的方法，通过测定和比较头骨中的氟化物与环境中氟化物的含量，来确定该头骨存在的时间。如果头骨和周围沙砾中的年代是相同的，则其氟化物含量也应该是一致的。最终的结果很遗憾，两者对不上。这件事情在学术界引起了一场轩然大波。

这个遗迹，在1953年被证实是伪造的。直到今天，没人知道到底是谁编排了这场闹剧。怀疑对象主要是查尔斯·道森和英国解剖学家亚瑟·凯思。无论是谁主导了这件事情，这个人显然相当有"幽默感"。

人像拼片

皮尔当人头骨的复原品与南方古猿的头骨很像，在最初的二十多年里，没有人注意到这一点。尽管它的下颚前伸得相当厉害（这一点也很容易理解，它的面部仍和猿类一样），而它的头盖骨和脑腔部分是完全属于现代人类的。

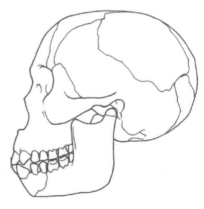

遗址的挖掘

工人们在皮尔当帮助查尔斯·道森挖掘出了许多动物的化石。一些被认为与皮尔当人有关的化石实际上是被偷偷放进去的，也许和这种"人类"的存在一样，都是一场闹剧。

检测证据

一群科学家在1915年检测皮尔当人的头骨。在图中，亚瑟·凯思穿着一件白色大褂，而查尔斯·道森则站在他的左后方。

知 识 窗

分析表明，皮尔当人的头骨很明显地包括两个部分。现代人的头骨部分最多不超过500年的历史，很明显有人故意把它给弄脏了，伪造成年代古老的样子。另外一部分是一只猩猩的下颚，它的牙齿被锉过，使得整块骨头的形状能够很好地接合上人骨部分，并且看起来年代相当。这个头骨愚弄了许多专家。

一个幸运的发现

哈达尔湖的古代沉积物，是在距埃塞俄比亚首都亚的斯亚贝巴东北约160千米的地方发现的，它有三四百万年的历史。以前，人们就认为：人类遗迹在这个地方能够保存到现在的可能性相当大。在1974年，唐纳德·约翰森前往这个区域进行了一次探险，希望能够发现一些早期原始人类的痕迹。几个月后，他发现了"露西"的一些骨头化石，这是一个后来被称为阿法南方古猿的幼体的化石。阿法南方古猿这个名字正是来自挖掘地点的名字。

通常对哈达尔地区的描述是，一片遍地石头、沙砾和沙子的荒

> 埃塞俄比亚的哈达尔地区是一个非常炎热、荒凉的地方，可对于远古人类专家来说，它却是一个完美的宝库。在这里，一个年轻的古人类学家，得到了20世纪最具戏剧性的发现之一。

正在工作的科学家
约翰森拿起一个新发现的骨头碎片（左图），然后在他的实验室里小心翼翼地进行清理工作（右图）。

露西的头骨（右图）
这是露西头骨相当逼真的复
原品，其中颜色较深的部分，
是实际发现的头骨碎片。

一处营地（左图）
在一处荒凉干燥的乡间地区，一条河蜿蜒流过，给约翰森的探险队
提供了水的补给。

地。很幸运的是，几乎所有的化石都是直接裸露在地面上的。这里的降水很少，如果下了雨，水会冲出许多条沟，并且可能会使得更多的化石遗迹露出地面。在 1974 年这个幸运的日子，约翰森正和一群当地人一起到野外进行挖掘工作，一种莫名的直觉让他多干了一段时间，并且绕了一点弯路。就这样，他们发现了露西的遗骸。首先看到的是她手臂的一部分，接着是后脑勺，再然后是腿骨。

这之后，探险队的每一个人，都在期望能够发现露西身体的其他部分，这件事情一直做了三个星期。最后，他们总共发现了上百片骨头碎片，拼凑起来能够组成大约 40% 的身体。没有发现两块相同部位的骨头，因此约翰森认定这些遗骸属于单一个体。

约翰森说道："哈达尔地区是一个伟大的地方，这里有许多的工作可以去做。万一这次挖掘工作晚几年或下了一场雨，没准会把她的骨头冲到沟里，它们也许就丢失了；即便没丢，也是非常分散的。这样就很难再把它们组合在一起了。最奇妙的是，她大概是最近才露出地面的，可能就这一两年的时间。早五年，也许她还被埋在地底下呢；晚五年，我们也可能找不到她。"

另一个幸运的发现

1991年，两个德国徒步者在攀登奥地利和意大利边境的阿尔卑斯山时，发现冰中冻着一个男人的尸体。想着他可能是在最近某次冬季风暴的时候给冻进去的，他们呼叫了高山救援。一开始的时候，没人意识到他们在处理的是一个保存完好、令人惊异的新石器时代人类，而他身上的衣服和工具都还非常完整。

这个被称为"奥茨"的冰人，在约5 300年前死亡，在高山中被寒冷的冰雪给冻住了，并且慢慢干枯。在人们发现他的重要性之前将他从冰中取出的时候，身体的一部分受到了些损伤。尽管如此，对他身体的研究，使科学家得到了非常多的重大发现。人们在发现他许多年之后，又有了新的发现。

冰人的物品
图中显示的是在奥茨尸体上发现的一组物品：

1. 一把还没有缠弦的弓；
2. 一些箭；
3. 一个鹿皮制的箭囊；
4. 一把燧石刀；
5. 一根尖头的石锥和草编的绳子；
6. 串在皮绳上的两个蘑菇；
7. 一个用鹿角和木头做的工具，可能是用来磨快刀锋的。

1 2 3 4 5 6 7

奥茨高约 1.65 米,黑发,可能在 45 岁左右。他有关节炎,生前为寄生虫病所困扰,肋骨骨折了。在死亡之前不久,他刚吃过一些野山羊肉和小麦。从体内铜和砷的含量可以看出,他生活在一个炼铜的环境里。

冰人的衣服保存得很好。他戴着一顶熊皮帽子,外套是以羊皮和鹿皮用动物筋腱缝合在一起的。他穿着一条皮质裤子,还有一件用草编织而成的披风。他脚上是一双皮革的鞋子,为了在粗糙不平的地面上行走,鞋里面还垫了些草。他行囊的框架,是落叶松和榛树的木头做的,外面包裹了皮革。

在一个小的皮包里,奥茨放了些燧石、一根针和一些用草编成的绳子,在一根皮绳上串了两个蘑菇。

他带了一把 1.8 米长的紫杉木弓,不过显然这把弓还需要加工,缠上弦之后才能够用来打猎。箭囊里存放了十四支箭,只有两支固定着箭羽。他还有一把小刀,刀体是燧石做的,固定了一个木头的柄,外面

一个"坟墓"的发现
两个德国的阿尔卑斯山攀登者发现了一具保存完好的新石器时代男性尸体。

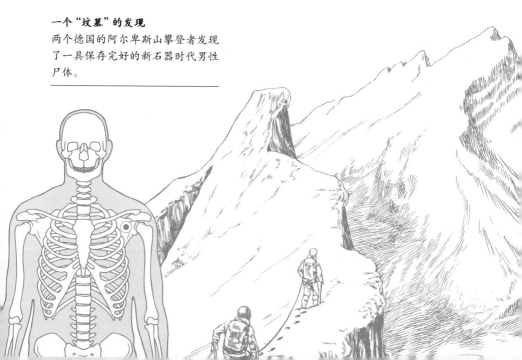

在很长一段时间里，人们认为冰人是在一次突发的雪暴中冻死并冻住的。后来在2001年的时候，X射线的分析表明，在他肩膀处有一个箭头。他是在被射中后不治而亡的，不过可能他逃脱了射箭者的追捕，因为他的那些物品都完好无缺。2003年，人们分析了他衣服和武器上的血迹，发现是从其他人的身上来的。是不是在他死之前杀死或者击伤了别人？

套了一个草编的刀鞘。最后，他还有一把斧子，主体是铜质的，显然已经用旧了。斧柄是紫杉木做的，呈L形。

一次不幸的遗失

1941年，抗日战争期间，那些无价之宝——北京人骸骨化石遗失了。当时它们从中国被送到美国去，希望能得到更好的保护。

20世纪20年代，在当时的中国北平（现在的北京）附近的龙骨山，人们在一个洞穴中发现了很多史前人类的牙齿和骨头化石。这个发现表明了36万年前的亚洲北部地区，就有古代人类

北京人的半身像

那些骸骨化石，已经在抗日战争的时候遗失了，幸好我们还有那些塑胶的复制品。

在此生活。它和在爪哇岛发现的种类非常像。现在这两种人属生物与世界上其他地方发现的同类型人类都被称为直立人。第一个相当完整的头骨是在1929年发现的，挖掘工作一直持续到20世纪30年代。这期间，日本向中国发动了侵略战争。1937年，挖掘工作暂时停止了，当时已经发现了45具北京猿人的遗骸。北京猿人生活在寒冷的气候中，因而躲在洞穴中用火来取暖。尽管和爪哇猿人很像，但这种后期的直立人拥有更大的脑容量。人们制作了一些化石的复制品，用于科学研究和展示。

本来，我们可以通过对化石的小心检测得到更多的结果。可惜

龙骨
这些动物牙齿的化石被碾成了粉末,作为一种中药。

的是,在1941年,国际形势极度紧张。中国政府对于北京人的遗骸非常重视,害怕其在战争中遭到损坏,因此决定将它们送到美国去,希望它们得到更好的保护和研究。后来证实,这是一个非常糟糕和不幸的决定。美国海军负责将化石用火车护送到港口并海运到美国,但是他们被日本人俘虏并关押到了监狱中。他们的设备和军需品也都被没收了,包括这些宝贵的化石,自此再也没有出现过。

幸运的是,那些塑胶的化石复制品还在一些博物馆保存着。但这些复制品不能让我们得到更多的信息。如果那些原始化石还在的话,我们会得到更多的相关信息。

骨头收藏家
1929年,裴文中博士与加拿大、美国的同行发现了第一个相当完整的北京人颅骨。

你 知 道 吗 ?

　　那些第一次被发现的北京人化石是非常宝贵的,可是我们再也无法看到了。不过在发现化石的附近地区,我们还发现了一些其他的遗迹,在中国的其他区域也有类似的发现。

第8章

－ － － － －

要点归纳

解开远古的谜团

寻找线索的热情、侦测的才能、对细节的敏感、对长时间野外工作的热爱、绝对的耐心、团队合作精神等特质才是令一个个体成功发现、解读化石——尤其是古人类化石的重要素质。

相对于漫长的地质年代来说，保存着早期人类遗迹的那些岩石都是相当年轻的，往往只有500万年或者更短一些的历史，它们的质地也相对较软。比如，在非洲的某些地区，由于风化和雨水作用，岩石的表层受到了相当大的侵蚀。

证据的遗失

我们极少能发现完整的古人类化石。比如，鬣狗和秃鹰可能会肢解并分食早期人类的尸体（左上图）；而洪水有可能卷携来大量物质，使人类骨头碎片上方覆盖一层沉积物（左下图）；当冲积平原被改道的河流冲刷开，有可能会暴露出人类的头盖骨，但是这些头盖骨在被真正发现前，会不断受到侵蚀（右下图）。

在这些地方,也许只需要随便走上一走,有一双敏锐的眼睛,就能发现化石的痕迹。在其他地方,可就没有那么容易了。在坦桑尼亚的奥杜威,巨大的峡谷"切开"了沉积几百万年的岩层,使得我们有机会发现一些随之暴露出来的化石。湖边、采石场甚至是修路时挖开的岩层,都可能是寻找化石的好去处。

发现第一块化石碎片,只是故事的开始。附近是否还有其他碎片呢? 它们都分布在相对于第一块的什么方位? 从碎片的分布,我们可以得知许多在化石形成过程中的自然环境信息。

从一个标本被发现到它被小心地送到实验室,往往需要几天

搜寻原始人类的遗迹

一队探索者正在东非的平原上,搜寻那些随处散落的风化石头堆。他们寻找一些奇形怪状和颜色异常的小物体,因为这些很可能是早期人类的化石遗迹。人类的骨头化石可能是白色或者灰色的,也有可能是黑色的,经常以单独的骨头碎片的形式遗留下来。

的时间。如今，化石被剥离之前先拍照存档，而每一步的挖掘工作都会有详尽的记录。每件事情都是经过仔细考量的。比如，在一个大的挖掘点，无论是否会发现早期人类化石，或者只是年代更近一些的遗迹，工作人员都会将其分成一格格的小块区域，这样能够更精确地固定方位，以便考查。

最初的破土工作，可能会用十字镐和铁锹来完成，随后的工作则需要用更小的工具。所有挖掘出来的物品，比如骨头或者牙齿，都可能需要用刷子和精细的牙科工具，来扫去尘土。最后将它们取出来安置好，外面涂上一层保护性的釉料，或者再套上一层塑料外壳，以便把它们运送到实验室。

如何研究化石

化石被带入实验室之后，还有大量的工作要完成，艰苦的任务刚刚开始而已。化石需要清洗或进一步的准备工作，以去除粘在化石上的尘土和石块。假如是块化石碎片，它需要和其他的碎片拼合起来，直到整个骨骼结构可以被辨识出来。

人们用小型的钻子和针来清除那些黏附在化石上的石块，而一些更加细小的化石，需要把它放置在双筒显微镜下才能开展工作。在整个过程中，科学工作者都要尽量避免损伤化石，也要防止在化石上添加任何的擦痕和记号，因为这会污染化石标本的原本面貌。原汁原味的化石标本可

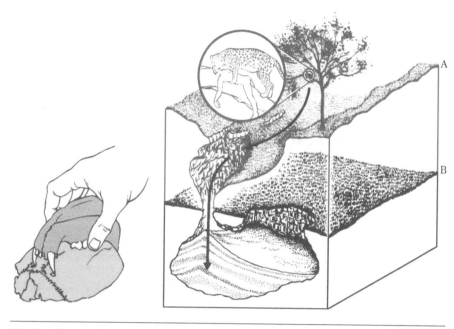

拼合化石碎片

这个南方古猿的头盖骨顶部有一些明显的小洞,刚好和美洲豹的犬齿位置相对应(左图)。科学家据此推测出以下情节(右图):美洲豹杀死了它的猎物之后,把尸体拖到了鬣狗无法触及的树上;美洲豹吃剩的骨头落入地上石灰石的裂缝当中,被多层沉积物所覆盖;头骨一直静静地埋在地层当中,数千年后,方才有化石挖掘者发现了它。

A. 旧地层线

B. 新地层线

以给人以启发,从中可研究这些化石在生前的角色,也可研究该生物死后所经历的一切。

　　有些化石是嵌在石灰石当中的,把它们反复浸入醋酸中,这些包裹在外的石灰石会自然溶解,化石随之显现。易碎的化石也可用化学方法处理,化学物质可以使其更硬从而易于保存。牙齿是人体中最坚硬的部分,因而保存它们相对容易。

　　一些破损的骨骼可用解剖学技巧拼合起来。也有一些相对直接的方法:如果我们仅找到原始人类的一只左手,我们也可确定右

化石复原

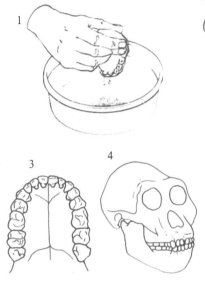

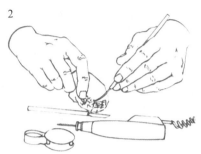

1. 把一块下颌骨化石浸入醋酸当中,以便于溶解化石上黏附的石块。

2. 人们使用剔牙针、超声振动工具、解剖刀、放大镜等工具,把化石从石块中取出。

3. 原始人类的齿沟被复原,根据齿沟提供的线索,可推测已消亡的原始人类的特征。

4. 以齿沟作为起点,然后再粘上其他相应的头盖骨碎片,头盖骨便能被复原。

手的形状。众所周知,保存下来的骨骼各部分越多,我们就能越确切地猜测消失部分的情况。然而,大多原始人类的骨骼过于破碎,以至于我们很难弄清骨骼结构的大致情况。这个时候,就需要其他的化石标本来参考,例如相关物种的化石等。实际上,我们从未处理过早于尼安德特人的人类物种的完整骨骼。尼安德特人的完整骨骼是在非洲的图尔卡纳湖发现的,据考证,大约已有150万年的历史,这是一次举世闻名的发现。

而复原骨骼以外的软组织更容易些。没人见过尼安德特人的肤色和瞳色,更别提比他们更早的人类了。如果我们拥有原始人类的完整骨骼,就能推测出肌肉的情况,但推测不出体毛的情况。几乎所有的原始人画像和雕像，都含有相当多的艺术想象成分。尽管如此，对原始人的复原工作仍需要出色的技术和尽可能多的真实信息。

人口的增长

我们无法确切地获知在不同的历史阶段地球人口的数量和增长情况，但是专家们可以尝试着进行推测。在200万年以前，大约有100万灵长目动物生活在非洲，但是这个数字并不十分准确。科学家认为，在1万年前，智人已经广泛

没有人能对尼安德特人生活的时代进行所谓的人口普查。科学家们认为，即使进行了统计，当时的人口数量也不可能超过100万。而现代人类的数量已是按亿为单位计算的了。

分布于世界上绝大多数地区，他们的人数最多时有1 000万。那时，人们的生活方式是以狩猎和采集野果为主，因而每个个体都需要相当大的生活区域以维持生活，这种生活方式也限制了人口的增长。远古人类的生活非常艰辛，疾病、伤害、饥饿造成了死亡率的增长，使人口减少速度极快，人类的平均寿命也非常短。

直到大约7 000年前，农业生产开始供应更多的粮食。人类的饮食并没有显著改善，却有更多的人口能被养活。更多的人可以顺利地生存到成人阶段，因而可产生更多的下一代，人口的持续增长

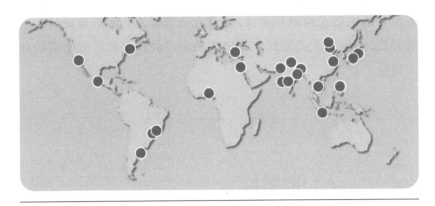

超大型城市的发展

截至2016年,全世界有47个城市的人口在1 000万以上。不仅如此,其中有15个城市的人口超过2 000万。

"超级水稻"

农业科学家一直在寻找新的技术,来使农作物的产量更高。超级水稻(左图)相比传统水稻(右图)和近年来绿色革命催生的水稻品种(中图),可以产出更多的粮食。

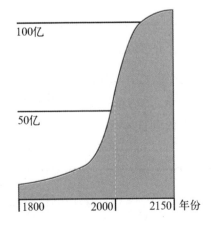

人口增长

19世纪初,世界人口大约为10亿;而到了19世纪末,则达到60亿左右。按照目前的发展趋势,到2150年,人口将达到100亿。

知 识 窗

18世纪时,曾有人宣称:人口的增长速度将大大超过粮食产量的增长,久而久之,全球将陷入饥荒。然而,他没有预料到,19世纪开始,现代技术的进步促进了粮食产量的大幅度提高;到了20世纪,这种技术的良性影响更加显著。

得以维持。到了公元1年左右,罗马帝国奥古斯都统治时期,世界人口已达3亿。从那时起,虽然某些地区的战乱和饥荒会暂时减少人口,各种传染病(如瘟疫)也使人类大量死亡,但总体来说,人口一直在持续增长中。

随之而来的是巨大的人口压力,日益庞大的人类族群需要足够的生活空间、房屋、粮食等。这对人类来说,是一个很大的难题。人们一直在考虑如何有效地利用地球资源,而同时又较好地保护自然环境并持续发展。20世纪,全世界出现了凶猛的城市化浪潮。现在,即使是发展中国家,也有越来越多的人涌入城市去谋生。

未来的人类

半个世纪前,有很多关于所谓的"未来"的故事。当时,人们谈

科学家们认为,很多物种最多只繁衍了300万年。如今,地球上越来越拥挤了,人类是否也只能存在同样长的时间呢?推想我们的未来是件非常有趣的事情,但是,我们的判断也可能是错误的。

论的"未来"就是2000年以后。人们畅想太空旅行,每个人生活得健康而富足,人类有一个共同的全球政府,秩序井然。然而我们很清楚,直到今天,生活还没有达到这种程度。尽管在很多方面已经取得了巨大进步,但是人类距离乌托邦还是很遥远。对于世界上的大多数人来说,生活仍然非常艰辛。

濒危物种数目,按种类分:

30 800 种	1 183 种	1 130 种	938 种	752 种
植物	鸟类	哺乳动物	软体动物	鱼类
11%	12%	25%	1%	3%
392 种	296 种	280 种	146 种	
昆虫	爬行动物	甲壳动物	两栖动物	
0.05%	3%	1%	3%	

濒危物种的比例(截至2006年的数据)

濒危物种

随着人口的快速增长,其他很多物种反而在不断减少。人类贪婪地攫取土地、自然资源,导致地球上几乎所有的其他物种都面临着威胁。

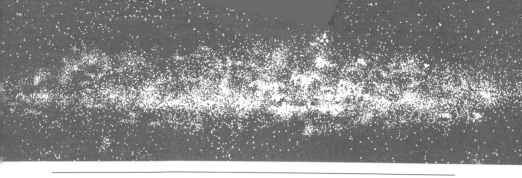

未来走向何方？
如果人类把地球上的自然资源消耗殆尽，最终的结果，可能就是人类把自己引上了灭亡之路。

今天，地球上至少1/4的人还存在严重的营养不良问题，还有1/10的人挣扎在饥饿之中。目前，世界上的粮食总产量足够养活每一个人，但粮食分布不均。较富裕的国家可以生产出远高于本国消费水平的粮食，但是他们为了维持农产品的价格，有时会销毁这些多余的粮食；而穷国则无法养活自己的人民。更严重的问题是，富国常常从穷国购买一些原材料，而生产原材料的土地原本可以起到更大的作用，可以养活原材料产国更多的人口。

那些粮食富足之地，也会遭遇很多问题。一些发达地区，特别是美国，因为对食物有太多的选择，人们常常饮食过量；在欧洲一些地区，这种现象也日益增多。过量饮食、久坐不动，这些习惯使得很多

很多遗传缺陷，例如弱视、体质弱等，如今不再会使人类大量死亡。而在数千年乃至数百年前，这些都有可能是致命的缺陷，幸存者也遗传了这些缺陷。但最近数十年，我们已经弄清楚很多疾病的遗传影响。随着时代的发展，也许有一天，人类会有能力纠正很多个体的基因缺陷。

国家的人过于肥胖，相当一部分人甚至因肥胖患病。健康问题日益显著，心血管疾病患者大量增加。因此，在科幻小说中，人们常常想象人的身体只增长大脑部分，而不是身体的脂肪等其他部位。

人类的大脑是会继续发展，还是已经达到进化顶点，我们还不得而知。人类的进化并没有一定的目标，我们只能说，它是向某些趋势演化。我们只能靠观察人类身上出现的变化特点，来进行预测。

地球人口是否还会持续增长？也许会。但我们还是希望人口能保持相对的稳定均衡，甚至能在未来得到减少。发达国家的人口总数几乎已经不再增长。因为疾病被控制，婴儿死亡率大大减少，过去的那种大家庭模式已经很少见。现代社会中的人不再愿意多要孩子，不再喜欢大家庭的群居，他们转而追求的是更舒适的生活方式。而发展中国家虽日益繁荣，但也经历了出生率的低潮。只有当全球的资源分布相对丰裕，可以供应给每个人，世界人口才可能被有效控制。